江苏省高等学校自然科学研究面上项目(20KJB150037

氟取代类联吡啶分子的
二维自组装研究

金 鑫 著

中国矿业大学出版社
·徐州·

内 容 提 要

本书较为系统地介绍了氟取代类联吡啶分子在 Au(111)表面的自组装行为,内容包括自组装的发展历程和代表性科研成果、自组装研究所基于的表征技术、4 种氟取代类联吡啶分子在 Au(111)表面上通过 C—H…F 和 C—H…N 弱氢键驱动的自组装行为研究、4,4'-二(2,6-二氟-4-吡啶基)-1,1';4',1"-三联苯分子在高温退火下发生的偶联反应研究和 4,4'-二(3,5-二氟-4-吡啶基)-1,1'-联苯与间苯三甲酸通过强、弱氢键共同构筑的多种二元自组装结构研究。

本书可供从事分子自组装、表面反应和表征技术等研究工作的工程技术人员参考。

图书在版编目(C I P)数据

氟取代类联吡啶分子的二维自组装研究/金鑫著

. —徐州:中国矿业大学出版社,2024.2

ISBN 978 - 7 - 5646 - 6171 - 7

Ⅰ. ①氟… Ⅱ. ①金… Ⅲ. ①超分子结构－结构化学－研究 Ⅳ. ①O641.3

中国国家版本馆 CIP 数据核字(2024)第 049344 号

书　　　名	氟取代类联吡啶分子的二维自组装研究
著　　者	金　鑫
责任编辑	赵朋举
出版发行	中国矿业大学出版社有限责任公司
	(江苏省徐州市解放南路　邮编221008)
营销热线	(0516)83885370　83884103
出版服务	(0516)83995789　83884920
网　　址	http://www.cumtp.com　E-mail:cumtpvip@cumtp.com
印　　刷	苏州市古得堡数码印刷有限公司
开　　本	787 mm×1092 mm　1/16　**印张** 6.75　**字数** 132 千字
版次印次	2024 年 2 月第 1 版　2024 年 2 月第 1 次印刷
定　　价	30.00 元

(图书出现印装质量问题,本社负责调换)

前　言

　　2005 年，正值创刊 125 周年的 *Science* 期刊在其纪念专辑中提出了一个令全世界化学学者热血沸腾又感到振聋发聩的问题："我们能够推动化学自组装走多远？"这是当年的纪念专辑中唯一的一个与化学相关的世纪之问。

　　十几年来，自组装作为新兴学科风生水起，吸引了许多领域的科研工作者的注意。在蓬勃的发展浪潮中，自组装家族愈发庞大，分支林立：三维自组装、二维自组装、液固界面自组装、真空系统自组装等。自组装实际和潜在的应用也包括多个方面：分子器件的搭建、生物超分子体系的构建、纳米功能材料的获取等。物理、化学、生物、医学、材料、电子学、光学等多个学科交叉互联，都将自组装视为解决问题的新路径。

　　自组装的发展看似"落花渐欲迷人眼"，但实际上却万变不离其宗。自组装的推动力无非就是非共价键，包括强弱氢键、金属-配体相互作用、范德瓦耳斯力、π-π 相互作用、卤键等，而自组装的精准调控也悉数包括分子组分的选择、分子设计、取代基的选择、试验条件的调节等。

　　"观水有术，必观其澜"。本书将以部分氟取代类联吡啶分子表面自组装为切入点，全面介绍分子组分的选择、分子设计、取代基的选择、试验条件的调节这些自组装策略的运用及其产生的结果，深入探究弱氢键在驱动自组装形成过程中扮演的角色。

　　通过此书可以让你一窥自组装发展的前世今生，也可以让你全面地熟悉自组装策略的运用，将自组装领域的风光作一番观览。

　　如果您是从事自组装研究工作的同仁，希望此书可以成为我们同行切磋的契机，能够为您的科研工作增添一份帮助和参考。

　　由于作者水平所限，书中不妥之处在所难免，敬请广大读者批评指正。

著　者

2023 年 5 月

目　　录

1 自组装概述

  自组装是自然界普遍存在的现象,是无人为干涉的自发过程。在此过程中,自组装基元经各种作用完成从无序到有序的转变。分子自组装是以分子为基元,通过非共价键(包括强弱氢键、金属-配体相互作用、范德瓦耳斯力、π-π 相互作用、卤键等)形成新的有序结构的过程。人们可以通过选择具有特殊物理性质或化学性质的分子来构筑不同功能的分子自组装体系。

  扫描隧道显微镜(STM)、原子力显微镜(AFM)等一系列扫描探针显微镜(SPM)的发明和探测技术的不断进步更是使分子自组装发展得如虎添翼,不但帮助人们实现了实空间的亚原子分辨率成像和原子(分子)操纵,而且可以探测表面分子的物理性质,正是这些因素推动了表面分子自组装的蓬勃发展和飞速前进。

  伴随着时间的沉淀、成果的积累,分子自组装这一大主题延伸出庞大复杂、彼此关联的分支。分子自组装的身影横跨物理、化学、生物、材料等多个学科,对其研究的热潮经久不息。

1.1 分子自组装的应用

  分子自组装被广泛应用于多个领域,它既可构建分子器件,也可形成新型材料,甚至可用于构造具有生物学功能的超分子体系来帮助人们了解生命的过程。

1.1.1 构筑纳米功能材料

  纳米材料是指尺度在纳米长度范围内且处于孤立原子或分子和块状体之间的材料。

  越来越多的科研工作者利用纳米颗粒、纳米片或者纳米线等基本要素在平衡条件下,通过非共价键的相互作用完成自组装,从而开发出多种具有新型功能的纳米材料。在试验过程中,科学家们运用模板法、热蒸发法、水热法、溶剂热法、外场辅助法等多种多样的方法制备超结构和超晶体。

（1）纳米功能材料在生命科学领域的应用

纳米功能材料可以应用于药物控释、血液透析、疾病检测等方面。K. M. Cheng 等通过组装两亲性的多肽和吲哚胺 2,3-双加氧酶抑制剂实现了在肿瘤细胞外基质中的双重响应，提高了 T 细胞在肿瘤组织的浸润水平并抑制了黑色素瘤的生长，达到很好的肿瘤治疗效果。中国科学院的王军课题组基于纳米粒子自组装技术在生命医学领域的理论与应用方面做了相关研究。在疾病检测方面，其通过设计超粒子结构 GSPs@ZIF-8 的表面增强拉曼散射（SERS）基底材料实现了高灵敏度的 SERS 检测，如图 1-1 所示。图中 GSPs 为金超粒子，在金超粒子表面包裹 ZIF-8 壳层得到的结构为 GSPs@ZIF-8。王军课题组设计出相关检测仪器，并将这种非侵入性的灵敏识别技术应用于癌症体外呼出物检测，这具有很大的应用潜力。在生物成像方面，其利用具有低杨氏模量的超薄 Gd_2O_3 纳米线圈组装体可变的空间构型提高了成像纳米探针的生物相容性，给生物成像技术提供了新的技术途径。在血液透析方面，他们将可弯曲的多晶纳米线预接到三维碳泡沫上，设计出能够高效捕获患者血液中细菌的 3D 纳米利爪，形成的血液透析器的捕获效率可高达 97%。另外，王军课题组设计了通过热力学控制的骨状分层交错结构的纳米自组装体，并将其用于替代自体骨移植的骨诱导生物智能材料，避免了细胞移植和生长过程所带来的障碍。

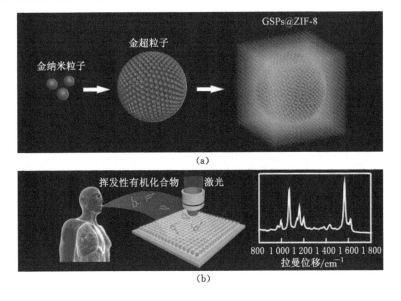

图 1-1　GSP@ZIF-8 壳层结构的合成及应用

纳米功能材料可以用于糖尿病的检测筛查。糖尿病是一种由于胰岛素分泌缺陷或其生物作用受损导致的以高血糖为特征的代谢性疾病,其会导致各种组织,特别是眼、肾、心脏、血管、神经的慢性损害、功能障碍。目前,西医临床对于糖尿病的检测主要是针对血液中葡萄糖的含量。临床常用的检测方法是指尖采血,这会给病人带来额外的心理负担和痛苦。纳米材料的出现使葡萄糖检测更加低痛苦、低成本,因此其发展潜力和市场应用前景巨大。图 1-2 为应用于电化学葡萄糖传感器的纳米功能材料。

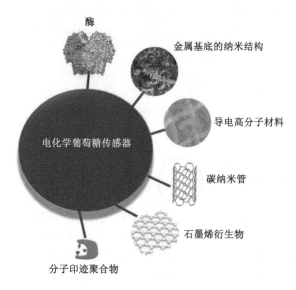

图 1-2　用于电化学葡萄糖传感器的纳米功能材料

再以肆虐全球、夺走成千上万人性命的新型冠状病毒肺炎(COVID-19)的检测为例。目前,对新型冠状病毒(SARS-CoV-2)的早期诊断主要采用基于荧光定量 PCR 或等温核酸扩增的核酸检测。然而,核酸测试需要提取 RNA、反转录、基因扩增和数据分析等多个步骤,检测时间较长,不能用于即时筛查,并且经济成本相对较高。如果利用纳米材料,就能迅速、精确地检测病毒,因为纳米材料具有高比表面积,可以激发传感器和分析物之间产生高效的表面相互作用。美国马里兰大学的研究人员基于金纳米颗粒局部表面等离子体共振的性质和固有的光稳定性开发了一种具有选择性的比色分析方法。该方法利用巯基修饰的反义寡核苷酸(ASOs)对金纳米颗粒进行封端处理,从而靶向 SARS-CoV-2 病毒的 N 基因(核衣壳磷蛋白),只需要短短 10 min 即可从分离的 RNA 样本中检测出 SARS-CoV-2 核酸的性质(阳性或阴性),如图 1-3 所示。

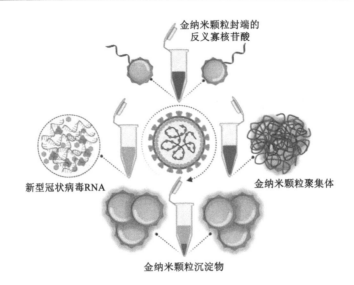

图 1-3 金纳米颗粒靶向病毒 N 基因的反应示意图

（2）纳米功能材料在工业催化中的应用

纳米功能材料在光催化和电催化等领域得到了全面的应用。

① 利用光催化水解制氢可以将太阳能转化为化学能,但是这种制备方法的缺陷是转换效率太低,而利用自组装技术制备的具有独特中空结构的 TiO₂-ZrO₂ 组装体则打破了这一僵局。该组装体结合了 TiO₂ 良好的光稳定性和 ZrO₂ 较强的氧化还原性,具备强大的光采集能力、能量转化能力。此外,该组装体的光催化水解制氢能力也非常突出,同时还具备较强的降解有机污染物的光催化活性。

② K. M. Y. Kwok 等设计了一种介孔二氧化硅包覆二硫化钼纳米片的 MoS₂@SiO₂ 组装结构。该结构的制备路径如图 1-4 所示。相应结构的透射电子显微镜和扫描电子显微镜图像如图 1-5 所示。该结构能够同时提高对 H₂S

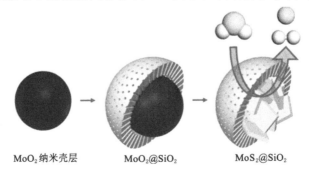

MoO₂纳米壳层   MoO₂@SiO₂   MoS₂@SiO₂

图 1-4 MoS₂@SiO₂ 组装结构的制备路径

分解反应的催化性能及 MoS_2 催化剂的化学稳定性和热稳定性。

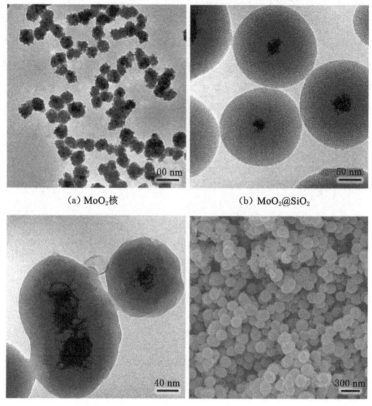

（a）MoO_2 核　　　　　　　　　（b）$MoO_2@SiO_2$

（c）$MoS_2@SiO_2$ 的透射电子显微镜图像　　（d）$MoS_2@SiO_2$ 的扫描电子显微镜图像

图 1-5　$MoS_2@SiO_2$ 组装结构图像

C. Z. Zhu 等以碲纳米管为硬模板制备了具有单原子催化特征的高效自组装 Fe—N 掺杂的碳纳米管气凝胶。该凝胶的电催化性能明显优于市场上的 Pt/C 催化剂,应用前景一片光明。

（3）纳米功能材料在能源存储领域的应用

通过自组装形成的纳米功能材料展现了在电学、光学方面各种各样的优越性能,正好可以满足能源存储领域的各种需要,充分体现了可再生和可持续发展理念,契合生态文明建设的时代主题。

以往的单纯低维纳米材料在电池循环工作过程中会出现严重的自聚集和粉化现象,极大地降低了电池的电化学性能。针对这一难题,已经有不同的实验小组迎难而上,探索解决路径。例如,P. C. Liu 等将超薄 VO_2 纳米片自组装成三维微纳结构分层多孔海绵状微束(SLMBs),获得的 $VO_2(B)$@C-SLMBs 电极材料性能优越,且具有寿命长、容量大的优点。

H. S. Li 等则设计了一种新型的具有优异钠离子存储性能的自组装 Nb_2O_5 纳米片。这种 Nb_2O_5 纳米片和碳化的花生壳(PSC)构成的新型混合钠离子电容器的能量密度和功率密度分别高达 43.2 W·h/kg 和 5 760 W/kg,并且具备长而稳定的循环寿命,如图 1-6 所示。

(a)   (b)

图 1-6　自组装成花状的 Nb_2O_5 纳米片的场发射扫描电镜图

1.1.2　搭建分子器件

A. L. Heeger 教授曾预言"21 世纪将是有机半导体/分子电子学的世纪"。而传统半导体工业采用"自上而下"(top-down)方法来制备越来越小的半导体单元,会受到摩尔定律的约束,即存在极限尺寸的制约,不可能无限小地加工下去。而分子自组装则是实现器件小型化的另一种制备方法,即"自下而上"(bottom-up)。这种"自下而上"的方法理论上不存在尺寸极限的制约,因此推动了分子自组装的快速发展。随着时间的不断推移,分子二极管、分子导线、分子开关、分子存储器、分子电路逐步应运而生。

(1) 自组装分子整流器

1974 年,A. Aviram 和 M. A. Ratner 尝试搭建了最早意义上的分子整流器。在该分子整流器中,受体是 7,7,8,8-四氰基对亚甲基苯醌,给体是四硫富瓦烯,为了加强分子刚性,用 3 个亚甲基做链接桥,如图 1-7 所示。

该分子整流器的工作原理为电子隧穿。在适当的正偏压下,电场作用使能级发生位移,阴极费米能级和受体导带 LUMO(Ⅱ)能级为同一能级,阳极费米能级和给体价带 HOMO(Ⅲ)的能级也趋近相同。电子首先通过隧穿从阴极转

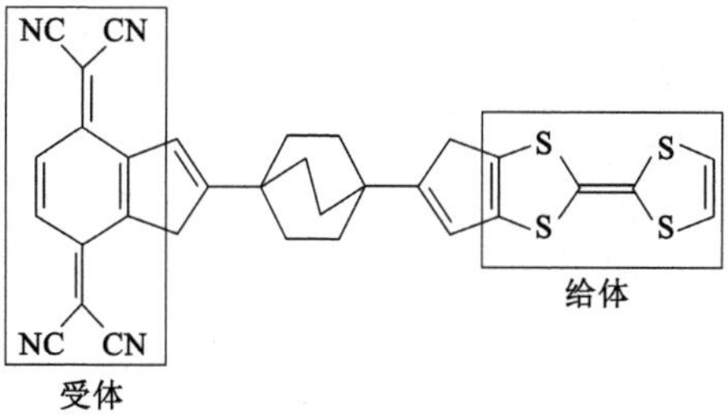

图 1-7　Aviram-Ratner 分子整流器

移到受体导带,接着一电子从给体价带隧穿到阳极,最后,受体的电子隧穿转移到给体。

在反向偏压时,可能存在两种机理:一种是类似于上述过程,与受体相连的电极其费米能级必须低于受体 HOMO(Ⅰ)的能级,使得电子可以从Ⅰ转移到金属,并且电子能从Ⅲ隧穿到Ⅰ,空的Ⅲ能被电极的电子填充;另一种是电子从Ⅲ隧穿到Ⅱ,然后电子从Ⅱ转移到金属,从金属转移到Ⅲ。

(2) 分子发光二极管

传统的制备发光二极管技术主要采用旋涂法使共轭聚合物在 ITO(铟锡氧化物)等导电基材上成膜。旋涂法难以控制成膜的均匀性和厚度,而这两项指标很大程度上能够影响器件的性能,分子自组装成膜技术可以较好地对成膜均匀性和厚度进行控制。

例如,S. Besbes 等采用自组装单层膜技术对 ITO 阳极进行改性。其使用一种磷酸酯在 ITO 阳极表面进行接枝反应,形成一层单分子膜(图 1-8)。研究结果表明,在对以一种 PPV 的衍生物为发光层材料制备聚合物发光二极管的研究中,ITO 阳极改性可以从降低起亮电压和增强电极稳定性两个方面来提高器件性能。

(3) 自组装分子场效应晶体管

场效应晶体管(FET)的工作原理是在外加电压驱动下,通过改变导电沟道的长宽来控制载流子的运动。场效应晶体管包含电极(栅极、源极、漏极)、绝缘层、半导体层。影响场效应晶体管性能的主要因素是场效应迁移率和开关比。

J. Cillet 等以自组装的三氯硅烷单层膜作为绝缘层,利用由功能端基(—CH₃、—CH =CH₂、—COOH)制备的多层自组装膜的紧密堆积,减小了漏电流,制备了有良好场效应的晶体管。

(4) 自组装分子导线

自组装通过有效的分子导线实现了分子器件的连接,成为进一步实现分子

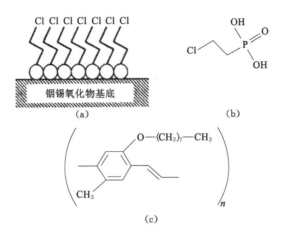

图 1-8　ITO 阳极的单分子自组装

电路的基础。例如,M. A. Reed 等将一根金线浸泡在 1,4-二硫酚的四氢呋喃溶液里,通过自组装将 1,4-二硫酚组装到利用机械控制折断的非常靠近的一对金电极,形成静态稳定的 Au-S-甲基链-S-Au 结构。X. D. Cui 等利用自组装方法可使 1,8-辛二硫醇的一端与导电原子力显微镜以化学键相连,另一端与 Au(111) 面以化学键相连,如图 1-9 所示。研究发现,电极与分子以化学键结合时测出的电导值比以非化学键结合时的电导值至少大 4 个数量级。

图 1-9　使用导电原子力显微镜测量 1,8-辛二硫醇电导值

（5）自组装分子存储器

分子存储器可以实现高密度的存储效果。构建分子存储器的基础是双稳态分子或多稳态分子。在一定电场力的作用下,分子可以由绝缘态变为导电态,实现类似于计算器的 0、1 两种状态的变换,从而达到存储的目的。

M. A. Reed 等使用齐聚苯乙炔分子组装成可擦写的分子存储器。具体实现路径为在齐聚苯乙炔分子中部的苯环上面引入 NO_2 和 NH_2 两种基团,这种不对称的结构使得该分子的电子云极容易受到干扰,如图 1-10 所示。

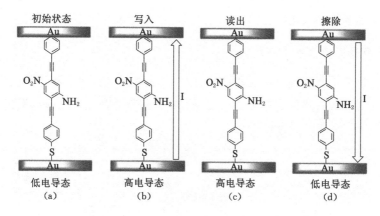

图 1-10 可擦写分子储存器的实现路径

当对齐聚苯乙炔分子施加电压时,分子扭曲变形,从而阻碍电流的流通;当电压消失后,分子变回原形,电流重新畅通无阻。该分子存储器的比特保留时间可以大于 15 min。

(6) 自组装磁性分子器件

磁性分子器件的电极材料或中心分子是有磁性的,这是它区别于普通分子器件的特征。目前,有很多研究聚焦自组装磁性分子器件中的自旋相关电子输运性质的探讨,但具体原理目前还不是特别清晰。其中,湖南大学物理与微电子科学学院的陈克求课题组在自旋相关电子输运性质方面做了一系列丰富翔实的理论探讨。其研究成果包括以下几点:

① 基于碳纳米管设计了一个 Fe-Porphyrin-Like 碳纳米管自旋电子器件,研究了其输运性质。结果表明,器件的磁致电阻率与其磁序列的排列分布有关,在外部磁场的作用下,通过改变器件的磁序列分布,器件的磁致电阻率能大约从 19％增大到 1 020％。

② 利用卟啉衍生物设计了一个可以通过机械扭转来调控自旋输运性质的自旋电子器件。通过第一性原理量子输运计算,观察到了自旋过滤效应、磁致电阻效应以及负微分电阻效应。研究发现,自旋向上和自旋向下电子态的分布差异导致了自旋过滤效应的发生,而器件中各部分电子态的不匹配是导致磁致电阻效应和负微分电阻效应出现的根本原因。

③ 基于酞菁分子和过渡金属酞菁分子以及石墨烯纳米带电极设计了一个分子器件,采用 Keldysh 非平衡格林函数与密度泛函理论相结合的方法,研究了该分子器件的电子输运性质。结果表明,酞菁分子体系和过渡金属酞菁分子体系都存在磁致电阻效应,且其磁致电阻系数比 S. Schmaus 等在酞菁/钴电极异

质结试验中测算的大得多。

1.1.3 搭建生物超分子体系

生物超分子体系是分子自组装手段在生命科学、生物学、材料学、物理化学等多个领域复合跨界的产物。图 1-11 展现了通过分子自组装搭建的多领域复合交叉的生物超分子体系。

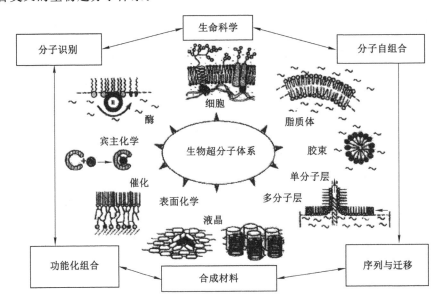

图 1-11　分子自组装搭建的生物超分子体系

生物超分子自组装体系囊括了复杂流体体系、表面活性剂的自组装、由生物大分子自组装形成的聚合物、生物大分子自组装膜等。

（1）复杂流体体系

以胶体悬浮液为例，胶体悬浮液是将小颗粒分散在液相介质中，通过颗粒间的弱相互作用自发组装成长程晶体序列而构成的胶体晶体。这种结构因兼具流体和晶体的性质，故而可展现出长程有序和短程无序的独特性质。同样地，感胶液晶也具有这种长程有序和短程无序的性质。

（2）表面活性剂的自组装

表面活性剂头部的排斥力令其在介观尺度上分离成双分子层，由于不同表面活性剂化学性质的不同和溶剂条件的差异，所以最终的自组装结构也迥然不同，有管形结构、球形结构、柱形结构等。其中，最令人感兴趣的是管形结构。比如在中空磷脂双分子层圆微管中引入液体或固体可以用于控制船只底部防污剂的释放等。再比如电磁性质特殊的金属微管，其介电性质被初步尝试用于微型微波电路和吸收性滤波器的研发。

（3）由生物大分子自组装形成的聚合物

目前对由生物大分子自组装形成的聚合物的研究主要聚焦天然蛋白、天然蛋白的改性以及人造蛋白质的获取等。比如人造蛋白质——聚酰胺-胺类（PAMAM）树形分子，该分子表面汇聚了多种伯胺结构，而其内部则具有酰胺骨架和叔胺结构，类似多肽。J. Y. Wu 等利用 PAMAM 树形分子模拟组蛋白，以用于传输多种小核酸药物。T. Wei 课题组则利用 PAMAM 结构与两条疏水烷基链组成的树形分子，依托自组装方法，实现了对阿霉素（DOX）的传递运送，如图 1-12 所示。更加令人兴奋的是，该分子装载的 DOX 展现出来的抗肿瘤效果相较于游离的 DOX 优越得多，并且 DOX 的毒性也明显降低。

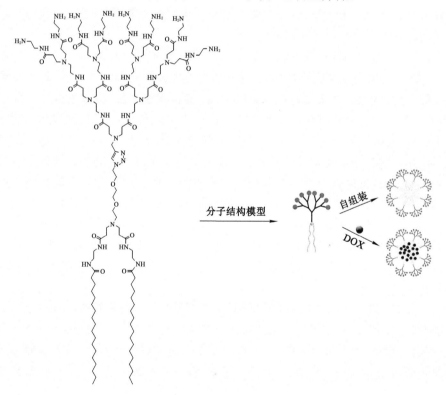

图 1-12　PAMAM 树形分子对阿霉素（DOX）的传递运送

（4）生物大分子自组装膜

生物大分子自组装膜的构筑基元包括蛋白质、DNA、酶、多肽等。生物大分子自组装膜可以用于制作分子器件。比如对烷基硫醇在 Au(111)基底形成的自组装膜而言,可以通过改变烷基硫醇的密度达到影响并控制 Au(111)基底的氧化还原隧道性质的目的。再比如通过酶与电极的相互作用,可以赋予电极敏锐的检测性能。生物大分子自组装膜还可以用于生物催化等。

1.2　自组装的分类

1.2.1　三维自组装

在三维的维度下,自然界中充满着各式各样的无外力干涉、介入而自发进行的分子自组装。比如生物分子自组装形成了生命体的细胞,进而诞生了地球上丰富多彩的物种。再比如,分子汇聚成纳米尺寸的超分子单元,然后由超分子单元间的相互作用力形成了多层次的结构。

在三维自组装领域,科学家主要聚焦以下多个维度去探索自组装的无尽可能:① 试图利用分子间的协同性(利用多识别位点控制组装)、方向性、加合性形成三维分层次组装,并探索其背后的机理;② 尝试构建多层次、多组分的界面组装,并了解在界面转化过程中溶液中有序组装体的形成过程与解组装过程,研究其中的规律;③ 用多种弱相互作用组装成超分子复合物,并进一步将超分子复合物应用于超分子功能材料的制备;④ 聚焦分子聚集体中的电子转移和能量传递,并以此为基础来探索太阳能光催化制氢的可能性;⑤ 探究分子聚集体中的化学转化,致力于提升化学反应的选择性;⑥ 基于聚合物囊泡模拟生物膜构建超分了人工酶体系等。其中,最为主流、被给予最高关注度的是超分子自组装。

超分子这一概念由德国科学家 K. L. Wolf 提出,最早可以溯源到 20 世纪 30 年代。随后,在 1978 年,法国科学家 J. M. Lehn 进一步提出了"超分子化学"的概念。

分子的化学结构由离子键、共价键组成,而超分子自组装则是不同分子间通过非共价键的弱相互作用自发组成超分子聚集体的过程。分子间的弱相互作用包括氢键、供体-受体的相互作用、配体相互作用、疏溶剂作用等。而形成超分子自组装的基元可以是高分子、生物大分子,也可以是无机分子、有机分子,甚至是纳米团簇。在此,我们以纳米团簇为切入点,了解超分子自组装的制备过程。

北京大学化学院的李彦将纳米团簇的超分子化学组装方法划分为两类:胶态晶体法和模板法。胶态晶体法是基于胶体溶液将纳米团簇自组装成二维或三维超晶格的方法。模板法是基于组装模板与纳米团簇间的识别作用来驱动自组装过程形成的方法。组装模板包括生物分子模板、有机分子模板、固体膜模板、单分子膜模板等。其中,应用最广泛、最成熟的模板是单分子膜模板,而最有广阔应用前景的是生物分子模板,因为生物分子间有着强大的分子识别功能,不同纳米团簇间可以利用生物分子模板实现自组装。并且她提出,超晶格可以通过超分子方法自组装获得,这样的获取途径不仅维持了纳米团簇的固有特性,而且产生了一些特殊的性质,这得益于有序的纳米团簇之间存在的耦合作用。更令人激动的是,变换纳米团簇间的有机分子可以实现对超晶格性质的有目的的调控,这样可获得具备极其特异光学、电学、磁学性质的纳米团簇超晶格,这些结构在光学、电学、信息存储方面都有极大的可挖掘空间和潜力。

(1)胶态晶体法获得的超分子自组装

M. G. Bawendi 等将包敷 TOPO(三辛基氧膦)和 TOP(三辛基膦)的 CdSe 纳米团簇在一定压力和温度下溶解于辛烷与辛醇的混合溶剂中,然后降低压力使沸点较低的辛烷逐渐挥发,包敷 TOPO 和 TOP 的 CdSe 纳米团簇在辛醇中的溶解度较小,就使得纳米团簇的胶态晶体从溶液中"析出"。经高分辨电镜分析,这样组装得到的超晶格的有序排列尺寸可达数微米,如图 1-13 所示。图中量子点尺寸为 4.8 nm。

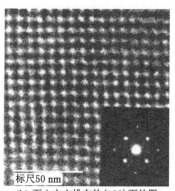

(a) 面心立方排布的(101)面的图 　　　(b) 面心立方排布的(100)面的图
　　像及特征电子衍射图 　　　　　　　　像及特征电子衍射图

图 1-13　胶态晶体法组装得到的 CdSe 量子点超晶格的高分辨电镜照片

(2)模板法构筑超分子自组装

在模板法组装纳米颗粒的过程中,依据选用模板的不同,模板法可进一步细分为固态高分子膜模板法、单分子膜模板法、简单有机分子模板法、生物分子模板法、混合模板法。

以生物分子模板法为例,D. Bethell 等曾在低聚核苷酸分子上引入一个巯基,通过金团簇与巯基的配位作用将低聚核苷酸分子结合到团簇上,再通过低聚核苷酸与作为模板的 DNA 分子的碱基配对而完成金团簇的组装（方法 A）；或者将两份金纳米团簇分别包敷含有互补碱基序列的低聚核苷酸,然后将它们混合,则可得到二维或三维的金纳米团簇组装体系（方法 B）。图 1-14 是两种组装方法的机理示意图。图 1-15 为采用两种方法得到的相对应的组装结果。

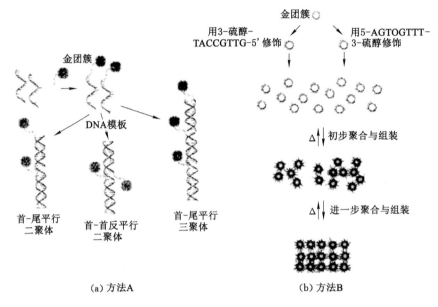

图 1-14　生物分子模板法组装金团簇机理示意图

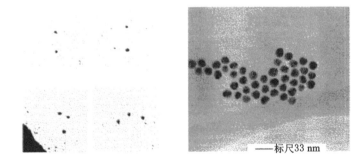

（a）用方法A得到的两团簇和三团簇组装体　　（b）用方法B得到的二维组装体

图 1-15　DNA 模板法得到的纳米团簇组装体的透射电镜照片

1.2.2　二维自组装

二维固体表面的分子自组装可进一步分为液固界面分子自组装和真空条件

下固体表面的分子自组装两大范畴。液固界面分子自组装行为很复杂,涉及很多种相互作用,包括分子间相互作用、分子与基底相互作用、分子与溶剂相互作用、溶剂与基底相互作用以及溶剂与溶剂相互作用等,这些相互作用的平衡共同决定了分子自组装的最终结构,如图 1-16 所示。

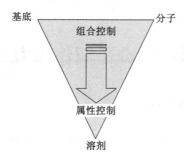

图 1-16　液固界面分子自组装过程中的相互作用

　　真空条件下固体表面的分子自组装过程也较为复杂,包含了分子在固体表面的吸附、迁移和转动,基底对分子的调制以及分子间的相互作用等过程。图 1-17 以一个氨基酸分子(图中黄色球体为 S,红色球体为 N,蓝色球体为 O)为例,展示了其在基底表面进行自组装时,影响氨基酸分子组装结构的多种作用。这些作用包括表面吸附作用(E_{ad}),基底的调制作用(E_s),分子在表面的迁移(E_m)、转动(E_{rot})作用,以及分子间相互作用(E_{as})。

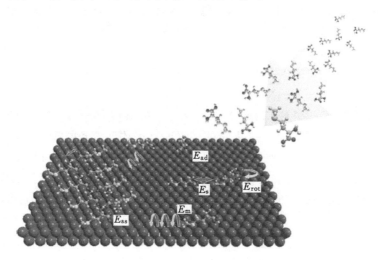

图 1-17　氨基酸分子在固体表面受到的作用

尽管如此,真空条件下的分子自组装由于没有溶剂分子,相较于液固界面分子自组装,影响真空条件下分子自组装行为的相互作用还是减少了许多,使得此时对分子自组装的机理分析和探讨更加简单。同时,半导体器件的制备对于真空条件的要求,使得研究超真空条件下衬底表面分子自组装对半导体器件性质的影响也具有现实意义。

1.3 表面自组装中的分子间作用力

1.3.1 氢键驱动的表面分子自组装

氢键由一个分子中的 H 原子与另一个分子中电负性很强的原子相互作用而成,可表示为 X—H···Y。其本质上是极性分子间的偶极-偶极相互作用。L. C. Pauling 在 *The Nature of the Chemical Bond* 一书中指出,氢键的概念是 T. S. Moore 和 T. F. Winmill 两人在 1912 年最早提出的。X—H···Y 中的 X 和 Y 一般为 F、N 和 O 原子,但是 C、S、P、Cl、Br 和 I 等原子也可形成键能较低的氢键。碳碳双键、碳碳三键和芳香环也可以与 X—H 形成氢键,在其中扮演质子受体的角色。

氢键的键能一般为 5~70 kJ/mol,该键能大于静电引力,小于常规的离子键、共价键和金属键键能。氢键在自然界和生命体系中普遍存在,能够帮助实现蛋白质和核酸的二级、三级及四级结构的稳定。氢键包括分子内氢键和分子间氢键。

氢键由于具有一些独特的性质,如方向性和作用力大小适中,因而氢键在表面自组装领域得到了广泛的关注与应用,比如用于构筑丰富多样的表面自组装结构。

当前,大多数研究体系涉及的氢键属于强氢键,主要包括 O—H···O、O—H···N、N—H···O 和 N—H···N。

下面以间苯三甲酸(TMA)分子为例介绍氢键在表面自组装中的应用。TMA 分子包含 3 个互成 120°夹角的—COOH 基团。该基团既可以充当氢键中的质子给体,又可以充当质子受体;既可以形成二聚体氢键,也可以形成三聚体氢键,如图 1-18 所示。北京大学的叶迎春研究了该分子在 Au(111) 表面的自组装,通过调节分子覆盖度得到了一系列孔径不变、孔间距逐步增大直至无穷大的结构,如图 1-19 所示。该结构的组装过程同时也是一个二聚体氢键所占比例不断降低而三聚体氢键所占比例不断提高的过程。在此之前,也有不少研究小组研究过 TMA 的分子自组装,但他们均未能得到如此丰富而全面的系列组装结构。

除了同种分子间通过强氢键构成的表面自组装结构外,也不乏含有不同基团分子间的二元共组装。人们选取两种含有互补且互相匹配的氢键位点的分子

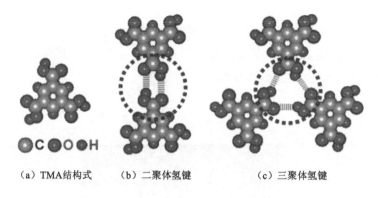

（a）TMA结构式　　（b）二聚体氢键　　　　（c）三聚体氢键

图 1-18　间苯三甲酸(TMA)的结构式、二聚体氢键和三聚体氢键

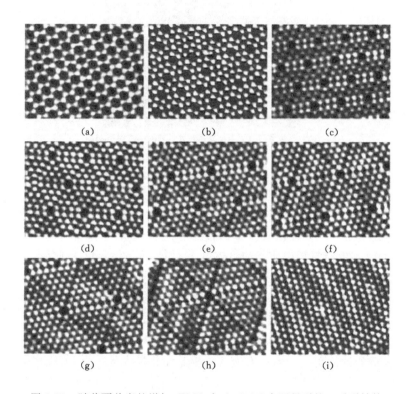

图 1-19　随着覆盖度的增加,TMA 在 Au(111)表面得到的一系列结构

构造出了稳定的表面自组装结构。例如,丹麦奥胡斯大学的 Besenbacher 小组将三聚氰酸和三聚氰胺两种均具备三重对称性的分子共同蒸镀到 Au(111)表面,得到了如图 1-20(b)所示的自组装结构。

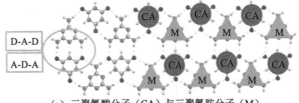

（a）三聚氰酸分子（CA）与三聚氰胺分子（M）
之间形成的氢键示意图

（b）三聚氰酸分子与三聚氰胺分子共同蒸镀到Au（111）
表面得到的自组装结构STM图像

图 1-20　三聚氰酸分子（CA）与三聚氰胺分子（M）基于 Au（111）共组装的 STM 图像

在该自组装结构的 STM 图像中，三聚氰酸分子和三聚氰胺分子的轮廓分别为圆形和三角形。三聚氰胺分子的任意一边都依次为 H 原子、N 原子和 H 原子，它们分别扮演氢键中质子的给体（D）、受体（A）、给体（D）；此外，三聚氰酸分子的任意一边都依次为 O 原子、H 原子和 O 原子，分别充当氢键中质子的受体、给体和受体。可见，两种分子具备彼此互补的成氢键位点，因而二者完美地配合形成了表面自组装结构。

与上述论及的强氢键相比，C—H···O、C—H···N、C—H···F 以及 C—H···Cl 等弱氢键的键能更小。但正因为其能量低和数量大的特点，所以当弱氢键配合强氢键共同参与表面自组装时，表面自组装结构反而会更加丰富多样。一个典型的例子便是梁海林所做的有关 TMA 和 4,4'-二（4-吡啶基）联苯（BPBP）分子的自组装研究。他利用强氢键 O—H···O、O—H···N 和弱氢键 C—H···O、C—H···N，通过改变 TMA 和 BPBP 分子的覆盖度，获得了孔洞尺寸从0.4 nm 到 3.1 nm 的形状各异（包括线形、三角形、四边形和六边形）的结构，详见本书第 5 章相关内容。

1.3.2　金属-配体相互作用构筑的表面自组装

金属-配体相互作用形成的配位键键能一般为 $50\sim200$ kJ/mol,强于氢键键能。金属-配体相互作用在表面自组装领域也一直受到人们的关注,原因如下:首先,金属-配体相互作用较强,因而由它主导的表面自组装结构更加稳定;其次,不少参与配位的金属因为存在未配对电子,常常表现出引人注目的磁学性质;最后,这类体系在光电转化和储氢等领域具有潜在的应用前景。

在由金属-配体相互作用主导的表面自组装研究中,涉及的金属元素多种多样,包括 Fe、Co、Mn、Cu、Au 等。常用的配体包括—COOH、—Py 和—CN 等基团。

J. V. Barth 和 K. Kern 等在这一领域做了一系列的工作,他们利用 Fe 和 TMA 之间的配位作用在 Cu(100)表面上实现了分层、单一手性结构的调控。非手性分子 TMA 与 Fe 原子共同作用形成了二级、具备手性特征的四叶草状的 $Fe(TMA)_4$ 单核复合物,以此复合物为基元进一步形成了三级多核的纳米网格,最后更进一步构建了单一手性的纳米孔洞结构,如图 1-21 所示。图中 R、S 为手性分子的 R 构型、S 构型。

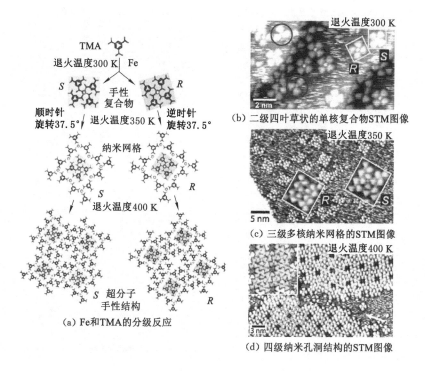

(a) Fe和TMA的分级反应

(b) 二级四叶草状的单核复合物STM图像

(c) 三级多核纳米网格的STM图像

(d) 四级纳米孔洞结构的STM图像

图 1-21　Fe 和 TMA 在 Cu(100)表面上的共组装

　　同样以—COOH 基团为配体，J. V. Barth、K. Kern 等还利用 1,2,4-苯三甲酸(TMLA)、对苯二甲酸(TPA)和三联苯二羧酸(TDA)分别与 Fe 原子通过金属-配体相互作用在 Cu(100)基底上形成了一系列不同孔洞尺寸的二维网络结构，如图 1-22、图 1-23 所示。图 1-23 中的 A、B、C 代表 3 种不同的孔洞。在图 1-23(a)所示结构中，Fe 原子的覆盖度较低，并非所有的—COOH 基团都参与形成配位键，而在图 1-23(b)所示的结构中，孔洞呈十字形，所有—COOH 基团均与 Fe 原子形成配位键。

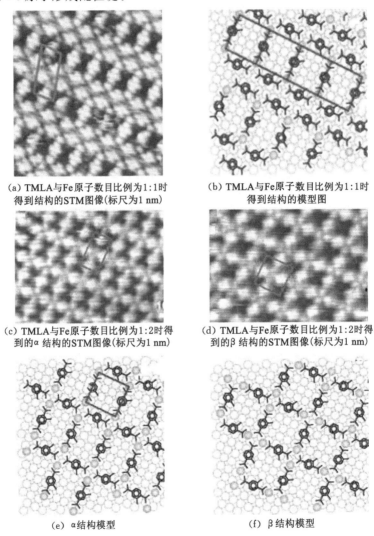

(a) TMLA与Fe原子数目比例为1:1时
得到结构的STM图像(标尺为1 nm)

(b) TMLA与Fe原子数目比例为1:1时
得到结构的模型图

(c) TMLA与Fe原子数目比例为1:2时得
到的α结构的STM图像(标尺为1 nm)

(d) TMLA与Fe原子数目比例为1:2时得
到的β结构的STM图像(标尺为1 nm)

(e) α结构模型

(f) β结构模型

图 1-22　TMLA 与 Fe 原子构成的金属-配体网络结构

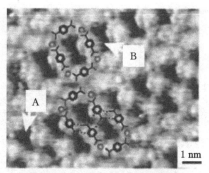 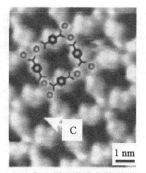

（a）TPA与Fe原子通过金属-配体相互　　　（b）TPA与Fe原子通过金属-配体相互
　　作用形成的表面自组装结构①　　　　　　作用形成的表面自组装结构②

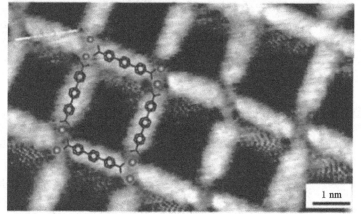

（c）TDA与Fe原子通过金属-配体相互作用形成的矩形孔洞结构

图 1-23　TPA、TDA 与 Fe 原子通过金属-配体相互作用形成的表面自组装结构

　　他们进一步利用制备的自组装结构作为模板，限制性地吸附 C_{60} 分子，形成主客体体系。不同分子所构筑的模板（包括同一分子所形成的不同结构）的主客体相互作用也不同。J. V. Barth、K. Kern 等还通过构筑金属-有机物配位作用网络，实现了对主客体相互作用的调控，这对于表面化学反应和选择吸附都有重要意义。

　　Co 原子是常见的磁性原子，因此在表面自组装领域也受到了广泛关注。K. Kern 等以 $NC—Ph_n—CN$（$n=3,4,5$）系列双氰基-聚苯分子为桥梁，通过金属-配体配位相互作用将 Co 原子连接起来，得到了孔洞尺寸可控的一系列蜂窝状网络结构，如图 1-24 所示。

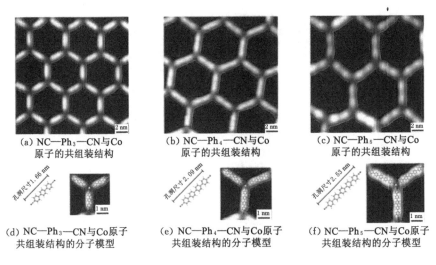

(a) NC—Ph₃—CN与Co
原子的共组装结构

(b) NC—Ph₄—CN与Co
原子的共组装结构

(c) NC—Ph₅—CN与Co
原子的共组装结构

(d) NC—Ph₃—CN与Co原子
共组装结构的分子模型

(e) NC—Ph₄—CN与Co原子
共组装结构的分子模型

(f) NC—Ph₅—CN与Co原子
共组装结构的分子模型

图 1-24　NC—Ph$_n$—CN 与 Co 原子的共组装

1.3.3　范德瓦耳斯力主导的表面自组装

范德瓦耳斯力远弱于氢键、配位键和化学键，其能量大小一般为 $2\sim10$ kJ/mol。它是分子与分子间引力和斥力的总和，主要包括：① 取向力，即极性分子产生的永久偶极矩间的作用力；② 诱导力，即极性分子的永久偶极矩与在其影响下产生诱导偶极矩的非极性分子之间的作用力；③ 色散力，即存在于非极性分子产生的瞬间偶极矩之间的作用力。

实际上，范德瓦耳斯力存在于所有的分子相互作用中，但是其作为主导作用力驱动的表面自组装体系主要包括以下 3 类：① 直链烷烃类分子及其衍生物；② 卟啉和酞菁类分子及其衍生物；③ 平面稠环芳烃类分子及其衍生物。

早在 1991 年，J. P. Rabe 与 S. Buchholz 就分别利用二十七烷（$C_{27}H_{56}$）和带有烷基链的分子 $C_{17}H_{35}COOH$、$C_{18}H_{37}OH$、$C_{25}H_{12}(C_6H_4)_{12}H_{25}$ 在石墨表面形成了有序薄层结构，如图 1-25 所示。

K. Tahara 等探讨了一系列 $C_{24}H_{12}$（DBA）衍生物分子在液固界面的自组装行为，如图 1-26、图 1-27 所示。DBA 系列分子结构式如图 1-26(a) 所示。研究发现，改变分子核的对称性可调控组装结构，菱形分子 1a 构造的组装结构属于 Kagome 结构，如图 1-26(b)、(c) 所示；而三角形分子 2a 搭建出的结构则是蜂窝状网络结构，如图 1-26(d)、(e) 所示。不仅分子核的对称性影响组装结构，而且烷基链的长度也会影响分子的组装结构。对比 3b 分子、3c 分子、3d 分子和 3e 分子，随着烷基链长度的增加，DBA 系列分子的表面自组装结构完成了由蜂窝

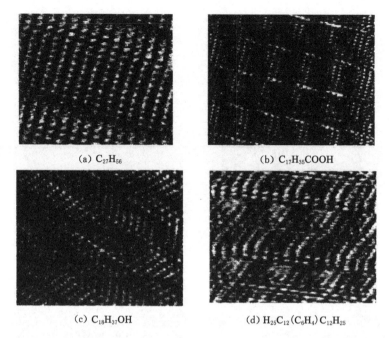

(a) C$_{27}$H$_{56}$

(b) C$_{17}$H$_{35}$COOH

(c) C$_{18}$H$_{37}$OH

(d) H$_{25}$C$_{12}$(C$_6$H$_4$)C$_{12}$H$_{25}$

图 1-25 二十七烷和带有烷基链的分子在石墨表面形成的自组装结构(标尺为 2 nm)

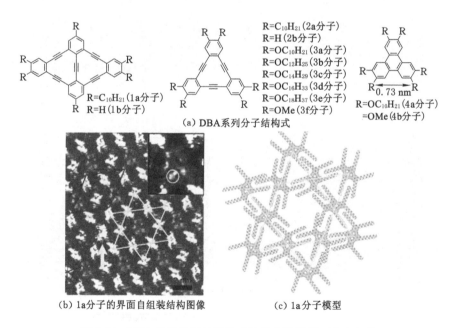

R=C$_{10}$H$_{21}$(2a分子)
R=H(2b分子)
R=OC$_{10}$H$_{21}$(3a分子)
R=OC$_{12}$H$_{25}$(3b分子)
R=OC$_{14}$H$_{29}$(3c分子)
R=OC$_{16}$H$_{33}$(3d分子)
R=OC$_{18}$H$_{37}$(3e分子)
R=OMe(3f分子)

R=C$_{10}$H$_{21}$(1a分子)
R=H(1b分子)

0.73 nm
R=OC$_{10}$H$_{21}$(4a分子)
=OMe(4b分子)

(a) DBA系列分子结构式

(b) 1a分子的界面自组装结构图像

(c) 1a分子模型

图 1-26 DBA 系列分子的结构式及其在液固界面的自组装

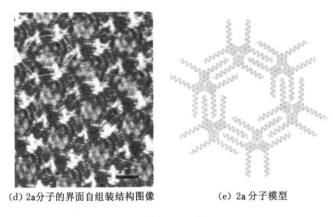

(d) 2a分子的界面自组装结构图像　　　(e) 2a 分子模型

图 1-26　（续）

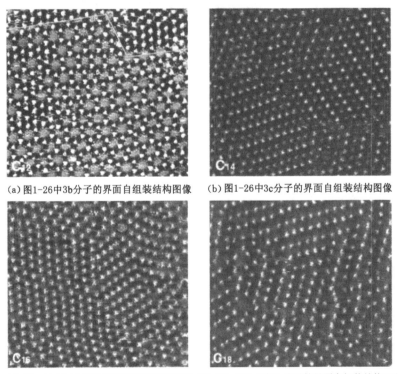

(a) 图1-26中3b分子的界面自组装结构图像　　(b) 图1-26中3c分子的界面自组装结构图像

(c) 图1-26中3d分子的界面自组装结构图像　(d) 图1-27（a）中3e分子的界面自组装结构图像

图 1-27　DBA 系列分子在液固界面的自组装

状孔洞结构向线形结构的转变(图 1-27)。在这些结构中,烷基链基团彼此交错排列,后期它们又以此为基础,容纳客体分子,构筑多组分的自组装体系。

卟啉和酞菁分子拥有很高的光热稳定性。它们独特的光电特性吸引了人们的注意力,其吸附结构和组装结构得到了深入研究。卟啉和酞菁分子所具有的平面共轭 p 电子结构有利于其与 Cu(111)基底形成较强的相互作用。

稠环类分子也具有平面共轭电子结构,故它也被应用于表面自组装。L. Gross 和 F. Moresco 利用低温 STM 系统研究了六苯基苯(HPB)和六苯并晕苯(HBC)分子以及两种分子的衍生物 HB-HBC 和 HB-HPB 在 Cu(111)表面的自组装行为,其中 HB 为弱酸。HPB、HBC、HB-HBC 和 HB-HPB 的分子结构式如图 1-28(a)所示。研究发现,由于 HBC 分子的平面和基底平行,其分子与衬底的相互作用力很大,而 HBC 分子间的相互作用力相对较小,所以在亚单层条件下该分子只能以单分子的形态存在于其表面上。将 HBC 分子引入叔丁基成为 HB-HBC 分子之后,HB-HBC 分子间的范德瓦耳斯力增大,从而可以形成小范围的二维岛,而对于只有分子核与基底平行的 HPB 分子以及 HB-HPB 分子,它们分子间的作用力占据主导地位,因此,它们在其表面上可以形成大面积

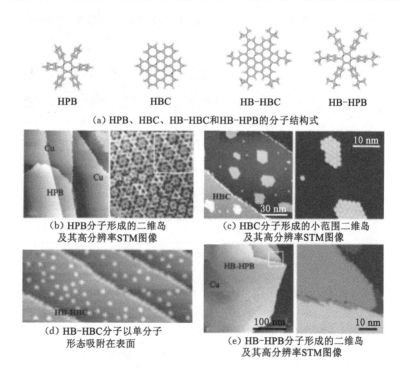

(a) HPB、HBC、HB-HBC和HB-HPB的分子结构式

(b) HPB分子形成的二维岛
及其高分辨率STM图像

(c) HBC分子形成的小范围二维岛
及其高分辨率STM图像

(d) HB-HBC分子以单分子
形态吸附在表面

(e) HB-HPB分子形成的二维岛
及其高分辨率STM图像

图 1-28　HPB、HBC 及其衍生物在 Cu(111)表面上的自组装

的二维有序岛。

1.3.4　化学键构造的表面自组装结构

化学键构造的表面自组装结构实际上是分子在衬底上通过化学反应连接在一起而形成的有序表面结构。

在诸多表面反应中，Ullmann 偶联反应常被用于构造大量的表面结构。Ullmann 偶联反应最初由德国化学家 F. Ullmann 于 1901 年发现，其是指卤代芳香族化合物与 Cu 在一定温度下生成联芳类化合物的反应。

G. Reecht 等利用 Ullmann 偶联反应使 DBrTT(5,5″-二溴-2,2′:5′,2″-三噻吩)分子在 Au(111)表面发生聚合反应，形成了由低聚噻吩构成的单根纳米线和纳米环，如图 1-29 所示。其中，纳米环表现出了回音廊模式的电子谐振器特性。他们还进一步研究了连接在 STM 针尖和基底之间的单根纳米线的电致发光性质。

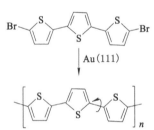
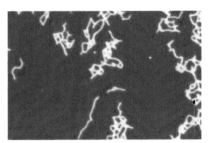

(a) DBrTT分子在Au(111)表面　　　　(b) 大范围的低聚噻吩STM图像(标尺为5 nm)
发生聚合反应生成低聚噻吩

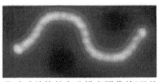

(c) 不同低聚噻吩结构的高分辨率图像(标尺均为1 nm)

图 1-29　DBrTT 分子在 Au(111)表面的聚合反应

W. Wang 等则利用 Br—(ph)$_3$—Br 在 Cu(111)表面的 Ullmann 偶联反应构筑了一维分子链。Br—(ph)$_3$—Br 在衬底上首先通过氢键和卤键作用形成六方孔洞状的自组装单层膜，如图 1-30(a)所示。300 K 温度退火后，Cu(111)表面上可以观测到有机金属中间体，如图 1-30(b)所示。在该中间体中，三联苯基团之间由单个 Cu 原子连接，形成 C—Cu—C 键。当退火温度升至 473 K 后，Cu 原子被释放出去，相邻的三联苯基团通过 C—C 键耦合在一起，形成如图 1-30(d)

所示的一维聚合链。

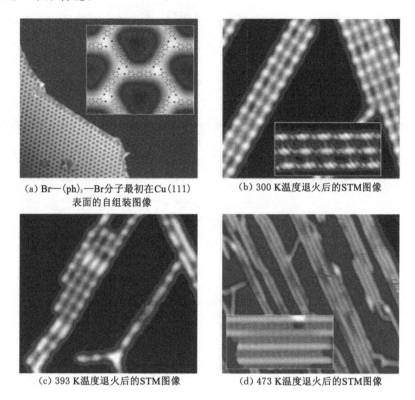

(a) Br—(ph)₃—Br分子最初在Cu(111)
表面的自组装图像

(b) 300 K温度退火后的STM图像

(c) 393 K温度退火后的STM图像

(d) 473 K温度退火后的STM图像

图 1-30　Br—(ph)₃—Br 分子在 Cu(111)表面的 Ullmann 偶联反应

　　Ullmann 偶联反应还可以用于构筑二维网络结构。L. Lafferentz 等利用 trans-Br₂I₂TPP 分子中溴取代基团和碘取代基团的活化温度不同,实现了表面分层结构的构筑。其过程为 trans-Br₂I₂TPP 分子先脱去碘取代基团形成一维链,再脱去溴取代基团形成二维网络结构,如图 1-31 所示。

　　除了 Ullmann 偶联反应之外,人们对表面脱水缩合反应也充满兴趣。2008 年,N. A. A. Zwaneveld 等探究了 1,4-苯二硼酸(BDBA)分子在 Ag(111)表面的脱水缩合反应,即每 3 个 BDBA 分子脱水缩合成六元的 B₃O₃环(Boroxine)。他们进一步利用 BDBA 分子与 2,3,6,7,10,11-六羟基三亚苯水合物(HHTP)分子的硼酸基团和二醇基团间的类似酯化反应,构建六方孔洞状网络结构(图 1-32)。这两种网络结构都可以耐 750 K 的高温,表明其分子之间形成了共价键。

　　除了上述反应之外,还存在一些独特的表面反应类型。例如,M. I. Veld 等将 C₅₆H₅₄N₄ 分子蒸镀在 Cu(110)衬底上发生表面反应,初始表面上四处散落着

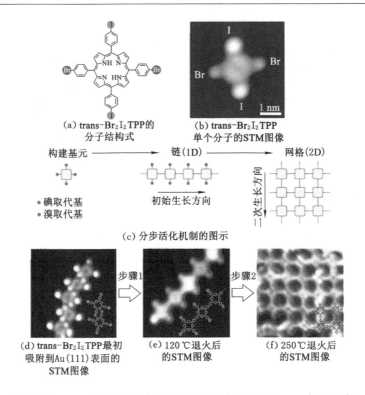

（a）trans-Br₂I₂TPP的
分子结构式

（b）trans-Br₂I₂TPP
单个分子的STM图像

（c）分步活化机制的图示

（d）trans-Br₂I₂TPP最初
吸附到Au(111)表面的
STM图像

（e）120 ℃退火后
的STM图像

（f）250 ℃退火后
的STM图像

图 1-31　trans-Br₂I₂TPP 分子在 Au(111)表面的 Ullmann 偶联反应

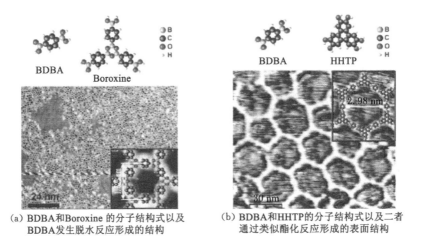

（a）BDBA和Boroxine 的分子结构式以及
BDBA发生脱水反应形成的结构

（b）BDBA和HHTP的分子结构式以及二者
通过类似酯化反应形成的表面结构

图 1-32　BDBA 分子在 Ag(111)表面上的脱水缩合反应

$C_{56}H_{54}N_4$ 单分子,如图 1-33(a)所示。在经过 $150\sim200$ ℃退火后,表面出现了多个形状各异的上述分子连接在一起的共价键网络结构,该结构既有直线形和折线形,又有二维网格结构,如图 1-33(b)所示。根据试验结果并结合理论计算,可以推断上述分子之间是通过乙烯桥彼此连接的。

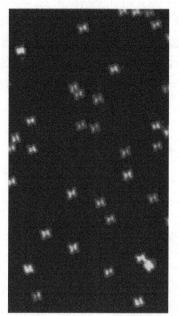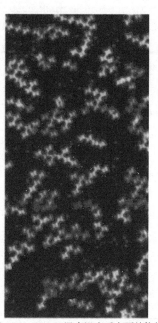

(a) 低覆盖度条件下$C_{56}H_{54}N_4$分子蒸镀到Cu(110) 衬底上的结果,图像大小为27 nm×47 nm

(b) 150～200 ℃温度退火后表面结构的 STM图像,图像大小为38 nm×71 nm

图 1-33　$C_{56}H_{54}N_4$ 分子在 Cu(110)衬底的表面反应

1.4　分子与衬底的相互影响

以上讨论的是驱动自组装的分子与分子间作用力。其实在自组装过程中,衬底与分子间的相互作用也是影响分子吸附及自组装过程的因素。对于有些体系,衬底与分子间存在不可忽略的强相互作用,以至于一方面衬底分子的化学、物理性质因为吸附发生了显著的变化;另一方面也反过来间接地影响分子间的相互作用。

1.4.1　分子吸附导致的表面重构

分子吸附不仅会对衬底的电场和应力场造成扰动,还可以引起表面的重构。

例如,Au(111)的鱼骨状重构结构会因为一些小分子的吸附而变回"1×1"的结构。

S. M. Driver 等于 2007 年发现了吸附在鱼骨状重构的 Au(111)基底上的 NO_2 分子岛,一旦该分子岛尺寸超过 300 个分子的尺寸,就会导致衬底的重构,如图 1-34 所示。在覆盖度较低的情况下,NO_2 分子岛吸附在Au(111)衬底的面心立方(fcc)区域,交错排列,引起了鱼骨状条纹[Au 表面六方最密堆积(hcp)区域和面心立方(fcc)区域的分界线]的弯曲变形。提高分子覆盖度使 NO_2 分子岛达到大量协同效应的触发点,相邻 fcc 区域的 NO_2 分子岛会跨越中间的 hcp 区域合并在一起,而覆盖于 NO_2 分子岛下面的多余 Au 原子被拔出,吸附在 NO_2 分子岛上。

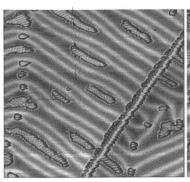

（a）低分子覆盖度条件下,NO_2分子岛吸附在Au(111)衬底的fcc区域　　（b）高分子覆盖度条件下,相邻fcc区域的NO_2分子岛跨越中间的hcp区域合并在一起,NO_2分子岛上吸附着被拔出的Au原子

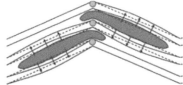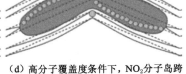

（c）低分子覆盖度条件下,NO_2分子岛跨越中间的hcp区域合并,导致NO_2分子岛下方的Au(111)发生重构的过程　　（d）高分子覆盖度条件下,NO_2分子岛跨越中间的hcp区域合并,导致NO_2分子岛下方的Au(111)发生重构的过程

图 1-34　NO_2 分子岛引起的 Au(111)衬底的表面重构

A. E. Baber 等则发现 NO_2 分子岛吸附少量的苯乙烯分子可以使重构的 Au(111)的鱼骨状条纹发生表面迁移,同时降低了 Au 原子脱离台阶边缘的能量势垒,如图 1-35 所示。

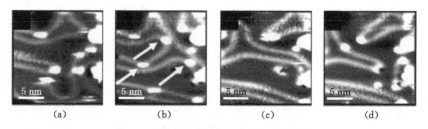

图 1-35   苯乙烯分子吸附诱导的 Au(111)衬底的鱼骨状条纹表面迁移过程

1.4.2   衬底调制的表面自组装

衬底的表面态能够影响吸附分子的表面自组装。例如,S. Lukas、G. Witte 和 C. Wöll 发现并五苯分子在 Cu(110)表面形成了单一方向的一维链,链链之间距离达到 2.8 nm。该结构的形成机制来源于衬底表面态的电荷密度波对吸附分子的震荡调制,如图 1-36 所示。

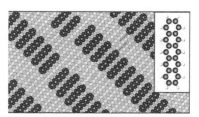

(a) 并五苯在Cu(110)表面形成单一方向   (b)图(a)所示结构的分子模型
的一维链结构

图 1-36   并五苯分子在 Cu(110)表面的自组装

同样,表面应力场的扰动也可以参与调制吸附分子的自组装。K. Kern 等采用 Cu(110)−(2×1)O 组装成了彼此分隔的二维岛。最初 O 吸附在 Cu 表面,两者之间的引力会促使 Cu—O 线的形成,Cu—O 线之间互相吸引,构成 Cu—O 条带,最终彼此分隔的条带形成了周期性的超级栅。K. Kern 等认为条带之间的长程斥力以及单个条带所包含的 Cu—O 线数目的有限性均来自表面弹性对它们的调制。

2 表征技术

自组装技术的大力发展一方面离不开科学家在分子设计、基元选择、组装体系组合等方面的匠心独运;另一方面离不开多种多样表征技术的支持。这好比近代医学的发展离不开各种探测仪器对疾病的诊断和手术的辅助治疗的介入一样。所以了解表面探测技术的演化发展过程及其在自组装领域的探测表征显得格外重要。

2.1 透射电子显微镜

透射电子显微镜(TEM)是将高能电子束作为照明光源来实现放大成像的,其分辨率可以达到 0.2 μm 的量级。世界上第一台透射电子显微镜是由德国科学家 E. Ruska 和 M. Knoll 于 1933 年研制成功的,如图 2-1 所示。时隔 6 年,德国西门子股份公司在此基础上首次批量生产了商用透射电子显微镜。

一代代科学工作者的努力使得今天的透射电子显微镜分辨能力远超 90 年前。今天的透射电子显微镜分辨率可达亚埃级,其构造如图 2-2 所示,它为人类对微观层面的观测、探秘贡献了极大的力量。

透射电子显微镜的工作原理是将高能电子束作为照明光源,从而实现对被测物质的放大成像。透射电子显微镜具体成像过程如图 2-3 所示。

图 2-1 E. Ruska、M. Knoll
研制的投射电子显微镜
(图片来源于中国科学院网站)

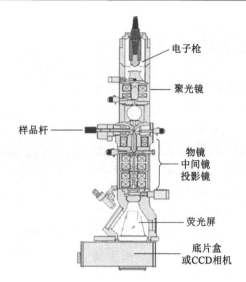

图 2-2　透射电子显微镜构造

（图片来源于中国科学院网站）

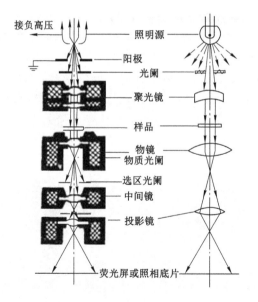

图 2-3　透射电子显微镜的成像过程

（图片来源于中国科学院网站）

2.2　扫描电子显微镜

　　扫描电子显微镜(SEM)是继透射电子
显微镜之后发展起来的另一种显微镜。此
种显微镜涉及电子与物质的复杂相互作用，
如图2-4所示。其中，背散射电子是指入射
电子中与试样表层原子碰撞发生弹性和非
弹性散射后从试样表面反射回来的电子；二
次电子是指样品在入射电子诱发下发生单
电子激发，从而逃逸出试样表面产生的电
子；特征X射线是指试样原子中内层电子受
到入射电子激发后外层电子迁移到空缺部
位这一过程中释放的电子。

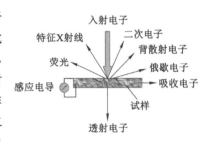

图2-4　扫描电子显微镜涉及的电子
与物质的相互作用

　　扫描电子显微镜的构成为电子光学系统、扫描系统、信号检测放大系统、图
像显示与记录系统、电源系统和真空系统等。

　　时至今日，扫描电子显微镜的分辨率已可以达到纳米级别了，十分接近透
射电子显微镜的分辨率，而其结构却非常简单。扫描电子显微镜获得的信息
是多种多样的，不同的设备可以用于收集不同的信号，从而形成不同的图像，
这样便于全面了解样品。图2-5为锡铅镀层的二次电子图像和背散射电子图
像。其中二次电子图像分辨率高、景深大，具有更强的立体感，可以用来展现
样品的形貌衬度，而背散射电子图像则分辨率较低、衬度小，主要用于反映原
子序数的衬度。

（a）二次电子图像

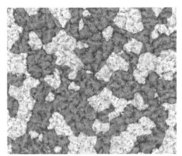

（b）背散射电子图像

图2-5　锡铅镀层的两种扫描电子显微镜图像

2.3 扫描探针显微镜

在纳米科技和表面科学领域,扫描探针显微镜(SPM)是一种非常重要的研究手段和试验工具。它能帮助人们得到实空间分子级别乃至亚原子级别分辨率的图像。迄今为止,扫描探针显微镜已经在化学、物理、生物和材料等众多领域得到了普遍应用。SPM 可以耐受多种复杂的检测环境。无论是在液相、气相、真空条件下,还是从接近绝对零度到 2 000 K 的温度范围内,都可以运用 SPM。

SPM 主要包含扫描隧道显微镜和原子力显微镜。

2.3.1 扫描隧道显微镜(STM)

世界上第一台 STM 是由德国物理学家 G. Binnig 和瑞士物理学家 H. Rohrer 等于 1982 年在 IBM 公司的苏黎世研究实验室搭建而成的。他们也因此项发明一起获得了 1986 年的诺贝尔物理学奖。他们研制的世界上第一台 STM 如图 2-6 所示。

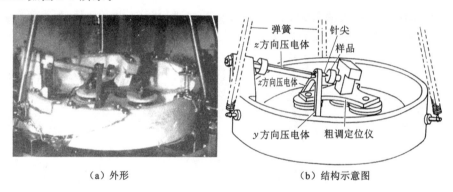

(a) 外形   (b) 结构示意图

图 2-6 世界上第一台 STM

(1) STM 的工作原理

STM 的基本工作原理是基于量子隧穿效应。隧穿电流的表达式如下:

$$I \propto \sum_{E_n = E_F - eV}^{E_F} |\psi_n(0)|^2 \mathrm{e}^{-2kW} \tag{2-1}$$

式中 I——隧穿电流;

      E_F——样品表面的费米能级;

      V——样品与针尖之间的偏压;

      $\psi_n(0)$——样品表面第 n 个波函数;

k——衰减常数；

W——样品与针尖之间的距离。

由式(2-1)可知，当针尖远离样品时，隧穿电流会以指数级别的速度衰减。

当 V 足够小时，eV 范围内电子态密度的变化微不足道，上述隧穿电流公式中的波函数之和可以用费米能级处电子的局域态密度来代替，于是隧穿电流可以表达为下式：

$$I \approx V\rho_s(0,E_F)e^{-1.025\sqrt[3]{\phi}W} \tag{2-2}$$

式中　$\rho_s(0,E_F)$——样品表面费米能级处的局域态密度；

　　　ϕ——样品功函数。

这个公式表明隧穿电流体现的是样品的局域电子态密度，而非样品的形貌。

当样品与针尖之间的偏压发生变化时，最终探测到的样品表面分子的能级也会发生变化。当样品相对针尖的偏压为正时，探测的将是样品表面分子的电子最低未占分子轨道（LUMO）；反之，当样品相对针尖的偏压为负时，探测的则是样品表面分子的电子最高占据分子轨道（HOMO）。

（2）STM 的组成

一台 STM 的主要组成部件包括压电扫描器、粗调定位仪、振动隔绝系统、计算机控制系统、图像采集系统和针尖。最初设计的 STM 控制电路示意图如图 2-7 所示。

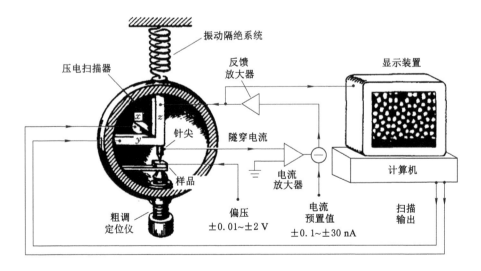

图 2-7　最初设计的 STM 控制结构示意图

图 2-7 中的压电扫描器的工作原理是基于压电效应，它主要有三角架式压

电扫描器、双压电晶片式压电扫描器和压电管式压电扫描器。早年比较流行的是三脚架式压电扫描器,如图2-8(a)所示。目前广泛应用的则是压电管式压电扫描器,因为它的压电元件常数较大并且具有较大的共振频率,如图2-8(b)所示。STM的压电材料材质多为锆钛酸铝陶瓷。

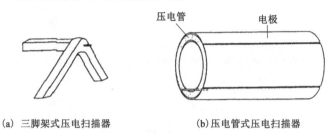

(a) 三脚架式压电扫描器   (b)压电管式压电扫描器

图 2-8　压电扫描器示意图

　　振动隔绝系统可以让STM最大限度地避免受外界环境的扰动。常见的隔绝方式有悬挂弹簧和采用气动系统或平板-弹性堆垛系统等。

　　为了获得高分辨率的STM图像,针尖显然也是不可忽视的因素。目前,比较普遍的制作针尖的方法是电化学腐蚀法。在电化学腐蚀法中,电极之间的电压、电解液的浓度以及液面的弯月性等因素共同决定了针尖成品的质量。

2.3.2　原子力显微镜(AFM)

　　G. Binning、C. Quate和C. Gerber于1986年制造出了世界上第一台原子力显微镜。STM只能探测导体和半导体等导电衬底,而AFM除了能探测导体和半导体等导电衬底外,还可以探测绝缘体。

　　AFM的一个重要部件是悬臂。AFM的工作原理就是利用对力高度敏感的悬臂与样品之间的相互作用来使悬臂发生微小弯曲偏移,然后探测这种偏移随 x、y、z 坐标的变化,即可得到AFM图像。常用的探测悬臂偏移的方法是光束偏转法。AFM工作原理如图2-9所示。

　　AFM的工作模式有多种,包括接触模式、非接触模式以及轻敲模式。在接触模式下,针尖与样品表面的距离非常近,因此彼此作用力为斥力。这种模式可能会破坏样品表面,因此只适用于坚硬的样品。而在非接触模式下,针尖不接触样品,只在样品上方振动,且振动频率略大于悬臂的共振频率。这种模式可以用来探测范德华力、静电力、交换力和磁力。而在轻敲模式下,探针在样品上方以接近悬臂共振频率的频率振动,并周期性地短暂敲击样品表面。该模式可以大大减小因针尖接触样品产生的侧向力,适用于探测柔软的样品表面。

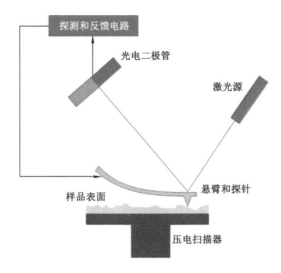

图 2-9　AFM 工作原理

2.3.3　SPM 的应用

（1）获得高分辨率的分子图像

SPM 的成像分辨率可以达到分子级别乃至亚原子级别,其中 STM 的分辨率达 0.01 nm,而 AFM 的分辨率一般可达 0.1 nm。针尖的特殊化处理可以帮助人们获取更高分辨率的图像,其中一个很有效的处理方法便是在针尖上吸附小分子。

L. Gross 和 F. Mohn 等在 2009 年利用 CO 分子修饰的 AFM 针尖成功实现了对吸附在 Cu(111)表面的并五苯分子的原子高分辨率成像,如图 2-10 所示。

L. Gross 等在 2011 年又再次利用 CO 分子修饰的针尖成功地探测了并五苯分子与萘菁分子的最高占据分子轨道和最低未占分子轨道。结合基于 Tersoff-Hamann 方法的理论计算,他们发现 CO 分子的 p-wave 轨道对成像效果做出了最主要的贡献,如图 2-11 所示。

（2）分子操纵

SPM 技术不仅能帮助人们在实空间层面观测分子,还可以用来操纵表面上的单分子。例如,IBM 公司阿尔马登研究中心的 D. M. Eigler 等早在 1989 年便利用 STM 操纵 35 个 Xe 原子在 Ni 衬底上写出"IBM"3 个字母。

除了构筑特定结构之外,人们还可以通过操控单分子来控制分子间化学键的形成和化学反应的发生。例如,H. J. Lee 等利用 W 针尖操控 CO 分子,精确控制 CO 分子与同在 Ag(110)表面的 Fe 原子形成化学键,依次形成了 FeCO 分

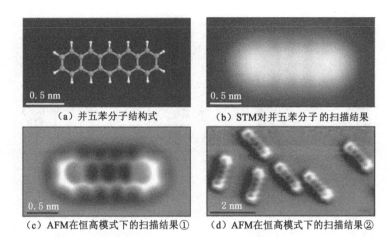

（a）并五苯分子结构式　　　（b）STM对并五苯分子的扫描结果

（c）AFM在恒高模式下的扫描结果①　　（d）AFM在恒高模式下的扫描结果②

图 2-10　并五苯分子的 SPM 图像

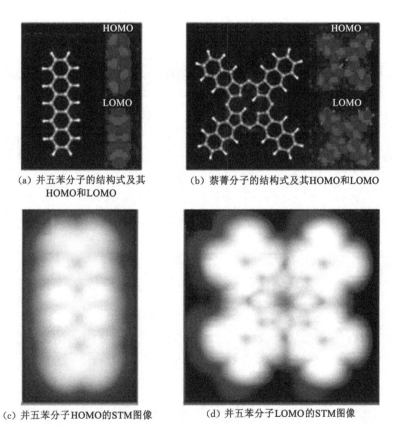

（a）并五苯分子的结构式及其HOMO和LOMO　　（b）萘菁分子的结构式及其HOMO和LOMO

（c）并五苯分子HOMO的STM图像　　（d）并五苯分子LOMO的STM图像

图 2-11　并五苯分子、萘菁分子的 HOMO 和 LOMO 图像

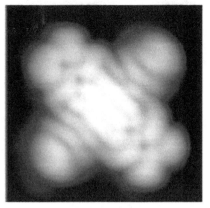

（e）萘菁分子HOMO的STM图像　　　　　　　（f）萘菁分子LOMO的STM图像

图 2-11　（续）

子和 Fe(CO)$_2$ 分子,如图 2-12 所示。

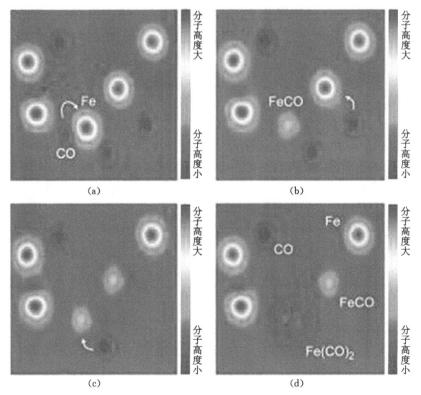

图 2-12　人为操控形成 FeCO 和 Fe(CO)$_2$ 的过程

3 氟取代类联吡啶分子单组分自组装

3.1 研究背景

3.1.1 弱氢键构筑的表面自组装

金属表面分子自组装的有序性、丰富性特征及其在纳米科技领域的潜在应用等已成为研究的热点。促使金属表面形成有序结构的驱动力多种多样。其中,氢键的作用力作为一种较为主要的作用力在表面自组装领域得到了广泛的应用,并被系统地加以研究,主要原因在于氢键的作用力大小适中且具有一定的方向性和选择性。相较于强氢键的相互作用,弱氢键在表面自组装结构的精确调控方面表现出更加灵活的特点。遗憾的是,完全基于弱氢键构筑的表面自组装体系的研究并不多,该方面的研究主要集中在 C—H⋯O、C—H⋯N 和 C—H⋯F 3 种弱氢键构筑的表面自组装体系。

对于 C—H⋯O 氢键,一个较为典型的研究范例是对蒽醌分子在 Cu(111) 表面上构筑的超大孔研究。在该研究中,蒽醌分子因为 Cu 衬底调制的长程斥力和分子间的 C—H⋯O 弱氢键协同作用,形成了尺寸大于 5 nm 的超大六方孔洞结构,如图 3-1 所示。

C—H⋯N 类的弱氢键在含有吡啶基团或者氰基基团的分子所参与的表面自组装中经常出现。在此以一个非常简明的体系为例做一下说明,该体系即 TPTZ 分子在 Au(111) 表面上的自组装。TPTZ 分子在表面上吸附时出现了 R 和 L 两种手性构型,如图 3-2 所示,因而最终的表面结构包含两种镜面对应的畴区,每一种畴区由同一种手性分子所组成。研究发现,逐步提高分子覆盖度可使表面结构从最初的"1×1"结构过渡到"2×2"结构、"6×6"结构、"7×7"结构和"8×8"结构,如图 3-3 所示。其中,"6×6"结构中的 6 代表沿着单胞(菱形框包

图 3-1　蒽醌分子在 Cu(111)表面上构筑的六方孔洞结构

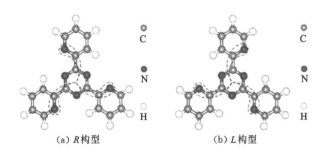

（a）R 构型　　　　　　　　（b）L 构型

图 3-2　TPTZ 分子的两种手性结构的分子结构式

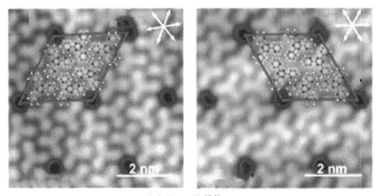

（a）"2×2"结构

图 3-3　TPTZ 分子在表面上形成的不同手性畴区结构

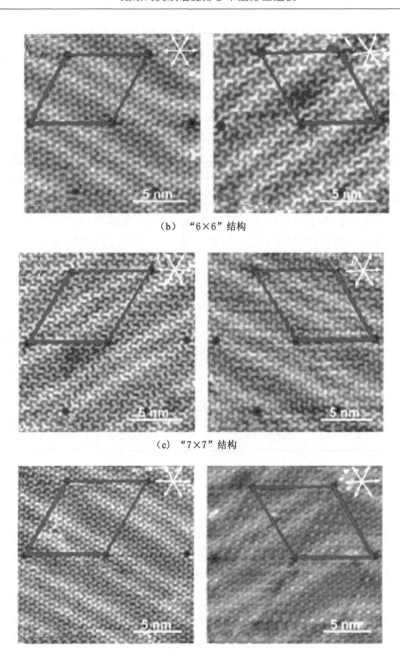

（b）"6×6"结构

（c）"7×7"结构

（d）"8×8"结构

图 3-3 （续）

括的范围）一边排列分布的分子总数目，其他结构类同。在所有表面结构中，每个矩形单胞由两个三角形半单胞构成，半单胞边界处的分子两两之间通过一对C—H···N 氢键形成二聚体，而半单胞内部的分子则彼此之间通过单个氢键形成三聚体堆积排列在一起。

对 C—H···F 弱氢键的研究主要集中在 $F_{16}CuPc$ 这一分子上。$F_{16}CuPc$ 分子是为数不多的在大气环境中能够稳定存在并且具有很高的场效应迁移率的 N 型半导体分子，在光电器件和发光二极管领域都有潜在的应用前景。关于 $F_{16}CuPc$ 在各种金属基底上自组装的研究已经有很多报道，然而更有吸引力的研究则是 $F_{16}CuPc$ 和其 P 型半导体分子的共组装，因为这两种分别表现出电子给体和受体性质的分子可以结合成 P-N 结。例如，有学者通过调整 $F_{16}CuPc$ 和 DIP（二茚并苝）的分子数目比例，在 Cu(111) 和 Au(111) 两种基底上调控得到了一系列不同的长程有序结构，如图 3-4 所示。

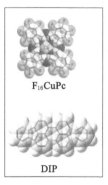

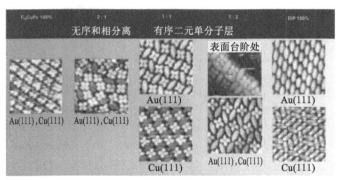

（a）分子结构　　　（b）$F_{16}CuPc$和DIP分子分别以分子数目2:1、1:1和1:2比例混合以及纯粹的DIP分子在Au(111)和Cu(111)基底上组装结构的STM图像

图 3-4　$F_{16}CuPc$ 和 DIP 分子的共组装

Y. Wakayama 等研究了 $F_{16}CuPc$ 与并五苯分子在 Au(111) 基底上形成的由 C—H···F 弱氢键构筑而成的多种组装结构。在单分子层情况下，只有当 $F_{16}CuPc$ 与并五苯的分子数目以 3:1、2:1 和 1:1 的比例混合时，表面才会形成晶体相。如果 $F_{16}CuPc$ 的占比大于 50%，则呈现相分离和隔离现象，即存在 $F_{16}CuPc$ 的自组装结构和 $F_{16}CuPc$ 与并五苯以分子数目 1:1 比例混合而成的共组装结构。如果并五苯的分子数目占比大于 75%，则会形成固体溶液相，即 $F_{16}CuPc$ 分子随机散落在并五苯分子形成的自组装结构中，如图 3-5 所示。该研究小组还尝试将并五苯换成并四苯或晕苯，均得到了类似的结果，只有固体溶液相的结果未能在其他体系中得到重复，如图 3-6 所示。位于图 3-6 上部的一

系列 STM 图像反映的是 $F_{16}CuPc$ 与并四苯以不同分子数目比例混合形成的组装结构,图 3-6 下部为 $F_{16}CuPc$ 与晕苯以不同分子数目比例混合得到的组装结构。

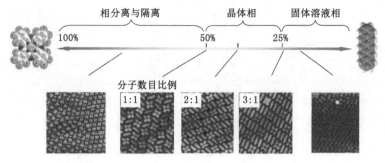

图 3-5　$F_{16}CuPc$ 与并五苯分子在 Au(111)基底上的共组装

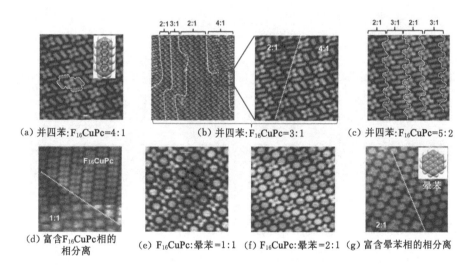

(a) 并四苯:$F_{16}CuPc$=4:1　　(b) 并四苯:$F_{16}CuPc$=3:1　　(c) 并四苯:$F_{16}CuPc$=5:2

(d) 富含$F_{16}CuPc$相的相分离　　(e) $F_{16}CuPc$:晕苯=1:1　(f) $F_{16}CuPc$:晕苯=2:1　(g) 富含晕苯相的相分离

图 3-6　$F_{16}CuPc$ 与并四苯和晕苯的共组装结构
（各比例为相对应的物质分子数目之比）

　　类似地,有学者研究并对比了 $F_{16}CuPc$ 分别与联六苯(6P)、并五苯和 DIP 在高定向热解石墨(HOPG)表面的共组装,如图 3-7 所示,并结合 DFT(密度泛函理论)计算证明了 C—H⋯F 弱氢键的存在。

　　此外,也有人研究了 $F_{16}CuPc$ 在氧化物表面的自组装。除了 $F_{16}CuPc$ 之外,其他全氟取代分子如全氟代并五苯(PFP)和 $F_{16}CoPc$ 也早已进入科研工作者的研究视野。

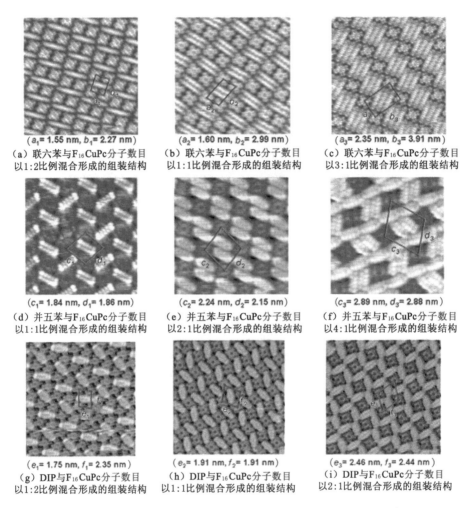

($a_1 = 1.55$ nm, $b_1 = 2.27$ nm)
（a）联六苯与$F_{16}CuPc$分子数目以1:2比例混合形成的组装结构

($a_2 = 1.60$ nm, $b_2 = 2.99$ nm)
（b）联六苯与$F_{16}CuPc$分子数目以1:1比例混合形成的组装结构

($a_3 = 2.35$ nm, $b_3 = 3.91$ nm)
（c）联六苯与$F_{16}CuPc$分子数目以3:1比例混合形成的组装结构

($c_1 = 1.84$ nm, $d_1 = 1.86$ nm)
（d）并五苯与$F_{16}CuPc$分子数目以1:1比例混合形成的组装结构

($c_2 = 2.24$ nm, $d_2 = 2.15$ nm)
（e）并五苯与$F_{16}CuPc$分子数目以2:1比例混合形成的组装结构

($c_3 = 2.89$ nm, $d_3 = 2.88$ nm)
（f）并五苯与$F_{16}CuPc$分子数目以4:1比例混合形成的组装结构

($e_1 = 1.75$ nm, $f_1 = 2.35$ nm)
（g）DIP与$F_{16}CuPc$分子数目以1:2比例混合形成的组装结构

($e_2 = 1.91$ nm, $f_2 = 1.91$ nm)
（h）DIP与$F_{16}CuPc$分子数目以1:1比例混合形成的组装结构

($e_3 = 2.46$ nm, $f_3 = 2.44$ nm)
（i）DIP与$F_{16}CuPc$分子数目以2:1比例混合形成的组装结构

图 3-7　$F_{16}CuPc$ 分别与联六苯（6P）、并五苯和 DIP 在 HOPG 表面的共组装

3.1.2　分子设计对组装的影响

组装基元的改变，即对参与组装的分子进行针对性的设计，是实现分子自组装调控的一个重要手段。

常见的设计理念包括改变分子骨架，引进具有特定物理、化学性质的官能团，改变取代基的数目、位置等。较为典型的例子是 T. Yokoyama 等于 2001 年在 *Nature* 杂志上发表的一篇研究报道。T. Yokoyama 等研究了卟啉分子及其他带有 CN 基团的衍生物在 Au(111) 表面的自组装，分别通过人为地为卟啉分子引入 CN 基团、增加 CN 基团数目和改变 CN 基团位置，得到了如图 3-8 所示的三聚体、四聚体和链状体等一系列不同的自组装结构。

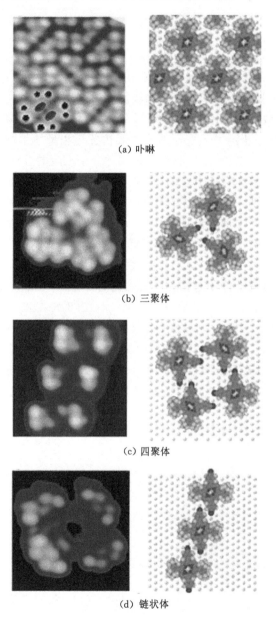

(a) 卟啉

(b) 三聚体

(c) 四聚体

(d) 链状体

图 3-8　卟啉及三种包含氰基的衍生物的自组装结构

3.2 试验过程

3.2.1 分子体系的选择

目前,对于部分氟取代的分子,特别是特定位置氟取代分子的自组装探究非常欠缺,原因之一是该类分子的合成比较困难。

梁海林曾经致力于间苯三甲酸(TMA)和 4,4'-二(4-吡啶基)联苯(BPBP)分子的共组装研究,获得了一系列可控的形状各异和尺寸不同的孔洞。在这一系列的表面自组装结构中,组装驱动力是两种分子之间的氢键,其中 TMA 上的 C═O 基团和 BPBP 吡啶基团上的 H 原子之间形成的弱氢键对于表面结构的多样化发挥了不小的作用。该内容在第 1 章中已经有详细介绍,此处不再叙述。

这一现象激发了对部分氟取代的 BPBP,特别是 α-H 被氟取代的分子的表面自组装的浓厚研究兴趣。为此,本书研究了 4,4'-二(2,6-二氟-4-吡啶基)-1,1'-联苯(α-F-BPBP)分子在 Au(111)基底上的自组装行为。

为了实现通过设计分子来调控组装结构的目标,本书不仅研究了 α-F-BPBP 分子,还进一步研究了 3 种相关分子,即 1,4-二(2,6-二氟-4-吡啶基)苯(α-F-BPB)、4,4'-二(2,6-二氟-4-吡啶基)-1,1':4',1'-三联苯(α-F-BPTP)和 4,4'-二(2,6-二氟-3-吡啶基)-1,1'-联苯(t-F-BPBP)在 Au(111)衬底上的自组装行为。

α-F-BPB、α-F-BPBP、α-F-BPTP 和 t-F-BPBP 4 种分子的结构如图 3-9 所示。这 4 种分子都是由丹麦奥胡斯大学 K. Gothelf 团队合成的,并进行了进一步纯化。

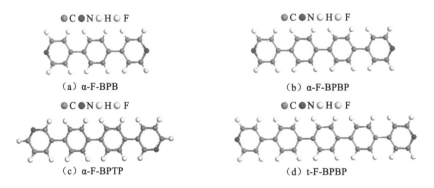

图 3-9 α-F-BPB、α-F-BPBP、α-F-BPTP 和 t-F-BPBP 的分子结构

3.2.2 试验平台

全部试验都是在 Unisoku-1200S 型低温扫描隧道显微镜（图 3-10）上完成的。该仪器包含 3 个腔体：观察腔、制备腔和进样腔。其中观察腔包含低温杜瓦和 STM 样品台。依据低温杜瓦内低温介质的不同，样品台可分别将温度维持在 4.5 K（液氦）、77.9 K（液氮）和 300 K（空气）。STM 横向分辨率为 0.1 nm，纵向分辨率为 0.01 nm。制备腔由样品处理台、针尖处理装置、离子轰击源、若干蒸镀源和石英微天平组成。其中样品处理台通过背部电子轰击对样品进行加热。样品的温度通过与样品侧部连接的热电偶温度计及校正后的红外测温仪测量得到。通过这样的加热方法，样品温度最高可达 1 700 ℃。离子轰击源通过将稀有气体（Ne、Ar）离子化并高压（1 000～2 000 V）加速轰击它们至样品表面，以起到对表面刻蚀和清除异质的作用。蒸镀源最高温度可达 1 700 ℃，可以向样品上热蒸镀沉积有机分子和金属等，同时配备了石英微天平来检测蒸镀沉积速率。进样腔包含快速进样阀和四级杆质谱仪，二者分别用于快速进样及对真空系统残余气体分析和气体纯度检验。通过一整套多级泵系统（包括 2 个离子泵、1 个分子泵和 1 个涡轮机械泵），可以将整个系统维持在压强小于 2.67×10^{-8} Pa 的超高真空条件下。

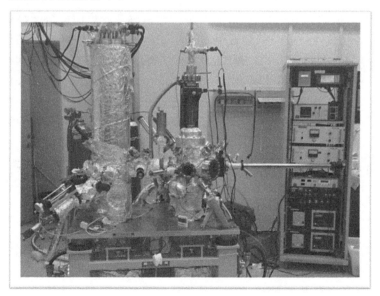

图 3-10　Unisoku-1200S 型低温扫描隧道显微镜

扫描所用的针尖为 W 针尖。W 针尖的制备过程分两步：首先在浓度为

2 mol/L 的 NaOH 溶液中进行电化学腐蚀,初步制得 W 针尖;然后将 W 针尖传入真空系统,采用电子束轰击加热至 2 000 K,清洁其表面。试验所采用的衬底为 Au(111)基底,在真空系统中经过多次的 Ar$^+$ 离子轰击和退火循环清洁与规整过程,最终可以制备出原子级平整、表面干净并且发生鱼骨状重构的 Au(111)—$(22×\sqrt{3})$表面。其中 Ar$^+$ 离子轰击能量为 1 keV,退火温度为 770 K。

将 α-F-BPB、α-F-BPBP、α-F-BPTP 和 t-F-BPBP 分子都置于钽舟内,通过加热钽舟将这些分子蒸镀到金属衬底上。α-F-BPB、α-F-BPBP、α-F-BPTP 和 t-F-BPBP 的蒸镀温度分别为 380 K、450 K、540 K 和 450 K。注意,本章所有的STM 图像都是在液氮温度下采集的,采用的扫描模式均为恒流模式。本书凡是有关长度或角度的数据,都是多次测量之后取平均值的结果。

3.3　自组装结构

3.3.1　α-F-BPB、α-F-BPBP 和 α-F-BPTP 的自组装结构

本小节首先描述 α-F-BPB 分子的自组装。该分子在满覆盖度的条件下在表面上形成了密堆积结构,我们将此结构命名为 Pattern X。在该结构中,相邻的两个分子之间的夹角约为 90°。一个分子的末端在 α-F-BPB 分子结构式中所标示的 X 连接位点(图 3-11)趋近相邻的另一个分子,这种分子之间的连接方式被命名为 Mode X。α-F-BPB 分子包含 4 个 Mode X 的等效位点,这些等效位点距离相对靠近的分子末端的距离约为 0.46 nm。可以看出,Pattern X 中分子之间的连接方式均为 Mode X。图 3-12(b)给出了该结构的单胞,其参数为:$a=(1.2\pm0.1)$ nm,$b=(1.8\pm0.1)$ nm,$\alpha=(86\pm2)°$。随后,采取了两种策略以获取不同的自组装结构:① 对样品进行逐步升温、退火,直至分子完全从表面脱附为止;② 降低分子的覆盖度,重新蒸镀制备新样品。无论采取哪种策略,最后得到的均只有 Pattern X 这一种自组装结构。

图 3-11　α-F-BPB 的分子结构式

对于多了一个苯环的 α-F-BPBP 分子来说,在满单层的覆盖度条件下得到

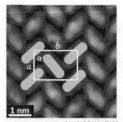

（a）α-F-BPB分子所形成的 Pattern X的STM图像（扫描偏压为300 mV，反馈电流为50 pA）　（b）α-F-BPB分子所形成的 Pattern X的高分辨率STM图像（扫描偏压为1.4 V，反馈电流为50 pA）　（c）Pattern X的氢键模型

图 3-12　α-F-BPB 分子在 Au(111)基底上的自组装

了 Pattern X 的自组装结构。该结构与 α-F-BPB 分子的自组装结构类似,经过升温、退火处理后,依次获得了 Pattern XYⅠ、Pattern XYⅡ 和 Pattern Y 3 种新结构。α-F-BPBP 的分子结构式如图 3-13 所示。图中标明了自组装结构中所涉及的 X 和 Y 两个连接位点。

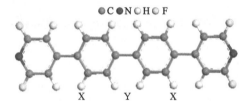

图 3-13　α-F-BPBP 的分子结构式

（1）α-F-BPBP 分子的 Pattern X 自组装结构

α-F-BPBP 分子的 Pattern X 自组装结构如图 3-14 所示。该结构分子连接方式与 α-F-BPB 分子所形成的 Pattern X 结构一样,都是单一的 Mode X。图 3-14(a)标出了半个单胞内的各个连接位点的连接方式,扫描偏压为100 mV,反馈电流为 100 pA。Pattern X 晶胞参数为:$a = (1.1 \pm 0.1)$ nm,$b = (2.3 \pm 0.1)$ nm,$\alpha = (84 \pm 2)°$。

（2）α-F-BPBP 分子的 Pattern XYⅠ自组装结构

初步升温退火获得的 Pattern XYⅠ 的自组装结构如图 3-15 所示。在这种结构中,分子之间的夹角依然近似为 90°,但是与 Pattern X 不同的是,其分子之间的连接方式除了 Mode X 以外,还出现了新方式 Mode Y。两种连接方式的差异在图 3-13 中得以体现。在 Mode Y 中,一个分子的末端指向最邻近分子侧面的正中位置。Mode Y 的连接位点距离分子两端的距离约为 0.71 nm。综合考

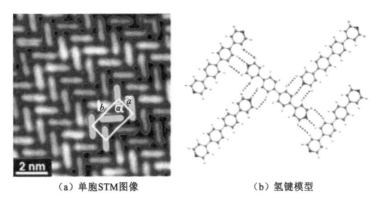

（a）单胞STM图像 　　　　　　　　（b）氢键模型

图 3-14　α-F-BPBP 分子的 Pattern X 自组装结构

虑 α-F-BPBP 分子末端的基团和相邻分子之间的连接位点,我们可以推断不论是 Mode X 还是 Mode Y,相邻分子之间都应该形成了 C—H…F 和 C—H…N 的弱氢键。图 3-15(a)所示的单胞共包含 3 个 α-F-BPBP 分子、6 个连接位点。其中 4 个位点采取 Mode X 的连接方式,而剩余 2 个位点采取 Mode Y 的连接方式。图 3-15(a)标出了半个单胞内的各个连接位点的连接方式,扫描偏压为 100 mV,反馈电流为 100 pA。由此可见,Pattern XY I 分子的连接方式是由 Mode X 与 Mode Y 以 2:1 的比例混合连接而成。Pattern XY I 的单胞参数为:$a=(2.0\pm0.1)$ nm, $b=(2.1\pm0.1)$ nm,$\alpha=(80\pm2)°$。

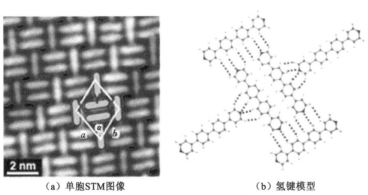

（a）单胞STM图像 　　　　　　　　（b）氢键模型

图 3-15　α-F-BPBP 分子的 Pattern XY I 自组装结构

（3）α-F-BPBP 分子的 Pattern XY II 自组装结构

α-F-BPBP 分子的 Pattern XY II 自组装结构如图 3-16 所示。这是进一步升高退火温度后形成的一种占主导地位的矩形孔洞结构,孔洞面积为 0.66 nm²。该结构的每个单胞中共有 2 个 α-F-BPBP 分子和 4 个分子连接位点。其中一半位点的连接方式属于 Mode X,另一半属于 Mode Y。图 3-16(a)标明了半个单胞内的各个连接位点的分子连接方式,扫描偏压为 1.5 V,反馈电流为 50 pA。因此,我们可以将 Pattern XYⅡ视为 Mode X 与 Mode Y 以 1:1 的比例混杂而成的结构。Pattern XYⅡ的单胞参数为:$a=(1.7\pm0.1)$ nm,$b=(2.4\pm0.1)$ nm,$\alpha=(50\pm2)°$。

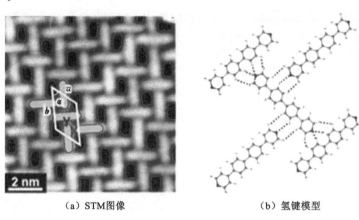

(a) STM图像　　　　　　　(b) 氢键模型

图 3-16　α-F-BPBP 分子的 Pattern XYⅡ 自组装结构

(3) α-F-BPBP 分子的 Pattern Y 自组装结构

α-F-BPBP 分子的 Pattern Y 自组装结构如图 3-17 所示。此结构中出现了正方形的孔洞,孔洞面积为 0.36 nm^2。图 3-17(a)标明了半个单胞内的各个连接位点的分子连接方式,扫描偏压为 100 mV,反馈电流为 100 pA。该结构的单

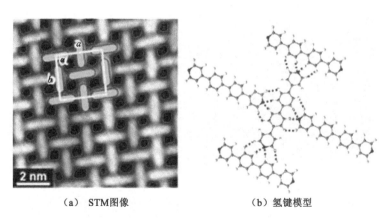

(a)　STM图像　　　　　　(b)　氢键模型

图 3-17　α-F-BPBP 分子的 Pattern Y 自组装结构

胞参数为:$a=(2.6\pm0.1)$ nm,$b=(2.8\pm0.1)$ nm,$\alpha=(87\pm2)°$。Pattern Y 是在较高退火温度下才出现的结构,其对应的分子密度是以上所有结构中最小的。这种结构的分子连接方式是单一的 Mode Y。在试验中,该结构在很大的温度区间内与 Pattern XYⅡ 共存。两种结构都相对较稳定,又包含了不同大小和形状的孔洞,是作为二次模板的理想材料,可以容纳不同的客体分子。

下面详细描述分子长度最长的 α-F-BPTP 分子的自组装。α-F-BPTP 的分子结构式如图 3-18 所示。图中标明了自组装中所涉及的 Mode X 和 Mode Y 两种分子连接方式。在满单层的覆盖度条件下,它同样形成了密堆积的 Pattern X 结构,其与 α-F-BPB 分子和 α-F-BPBP 分子的自组装结构一致。

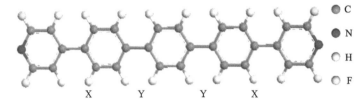

C
N
H
F

X   Y   Y   X

图 3-18 α-F-BPTP 的分子结构式

α-F-BPTP 分子的 Pattern X 自组装结构如图 3-19 所示。图 3-19(a)标明了半个单胞内的各个连接位点的分子连接方式,扫描偏压为 100 mV,反馈电流为 100 pA。该结构的单胞参数为:$a=(3.1\pm0.1)$ nm,$b=(0.8\pm0.1)$ nm,$\alpha=(86\pm2)°$。

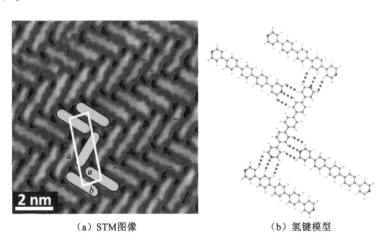

2 nm

（a）STM图像   （b）氢键模型

图 3-19 α-F-BPTP 分子的 Pattern X 自组装结构

对铺满 α-F-BPTP 分子的样品逐步进行升温退火试验,表面上依次出现了
Pattern XYⅠ、Pattern XYⅡ 和 Pattern XYⅢ 3 种结构。

(1) α-F-BPTP 分子的 Pattern XYⅠ自组装结构

Pattern XYⅠ是由 Mode X 和 Mode Y 两种连接方式以 2 : 1 的比例组合而
成。该结构的构成方式与 α-F-BPBP 分子的 Pattern XYⅠ自组装结构完全一
致。与 α-F-BPBP 的不同之处在于,α-F-BPTP 分子长度进一步增大,Mode Y 的
等效位点数目变为 α-F-BPBP 的两倍;对于 α-F-BPTP 分子而言,Mode Y 的等
效位点也不再位于分子侧面的正中位置,但是其距离相对靠近的分子端部的距
离依然是 0.71 nm。需要注意的是,以 Mode Y 与相邻分子连接的这部分分子,
其两端采取的是 Mode Y 的不同等效位点。α-F-BPTP 分子的 Pattern XYⅠ自
组装结构如图 3-20 所示。图 3-20(a)标明了半个单胞内各个连接位点的分子连
接方式,扫描偏压为 100 mV,反馈电流为 100 pA。该结构的单胞参数为:$a=$
(2.5 ± 0.1) nm,$b=(2.5\pm0.1)$ nm,$\alpha=(70\pm2)°$。

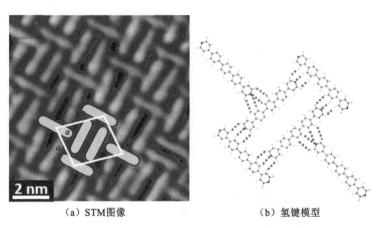

(a) STM图像　　　　　　　　(b) 氢键模型

图 3-20　α-F-BPTP 分子的 Pattern XYⅠ自组装结构

(2) α-F-BPTP 分子的 Pattern XYⅡ自组装结构

α-F-BPTP 分子的 Pattern XYⅡ自组装结构连接方式与 α-F-BPBP 分子的
Pattern XYⅡ 连接方式相同,都是由 Mode X 和 Mode Y 两种连接方式以 1 : 1
的比例混合形成的。以 Mode Y 与相邻分子连接的这一半分子,其两端采取的
是 Mode Y 的不同等效位点,这是其与 α-F-BPBP 分子的 Pattern XYⅡ的不同
之处。α-F-BPTP 分子的 Pattern XYⅡ自组装结构如图 3-21 所示。图 3-21(a)
标明了半个单胞内的各个连接位点的分子连接方式,扫描偏压为 100 mV,反馈
电流为 100 pA。该结构的单胞参数为:$a=(2.0\pm0.1)$ nm,$b=(3.1\pm0.1)$ nm,

$\alpha=(50\pm2)^\circ$。此多孔网络结构的孔洞面积为 $1.04\ \text{nm}^2$。

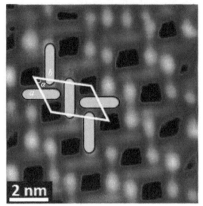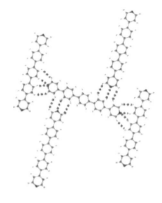

（a）STM图像　　　　　　　（b）结构氢键模型

图 3-21　α-F-BPTP 分子的 Pattern XY Ⅱ 自组装结构

（3）α-F-BPTP 分子的 Pattern XY Ⅲ 自组装结构

α-F-BPTP 分子的 Pattern XY Ⅲ 自组装结构如图 3-22 所示。该结构每个单胞中有 4 个分子、8 个连接位点,其中一半分子采取 Mode X 方式与邻近分子相互作用,另一半采取 Mode Y 方式。该结构与 Pattern XY Ⅱ 相似,同样由 Mode X 和 Mode Y 两种连接方式以 1∶1 的比例混合形成,但是它又与 Pattern XY Ⅱ 有所不同。Pattern XY Ⅱ 中有一半数目的分子两端都以 Mode X 与邻分子相互作用,而剩下的另一半分子两端都以 Mode Y 与相邻分子连接。对于 Pattern XY Ⅲ,所

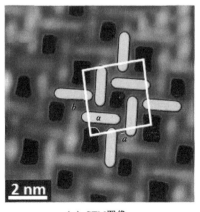

（a）STM图像　　　　　　　（b）氢键模型

图 3-22　α-F-BPTP 分子的 Pattern XYⅢ 自组装结构

有的分子都一样,即分子一端以 Mode X 趋近相邻分子,而另一端则以 Mode Y 趋近。这一结论可以经由对比两者的氢键模型得到。图 3-22(a)标明了半个单胞内的各个连接位点的分子连接方式,扫描偏压为 100 mV,反馈电流为 100 pA。Pattern XY Ⅲ 的单胞参数为:$a=(3.2\pm0.1)$ nm,$b=(3.4\pm0.1)$ nm,$\alpha=(85\pm2)°$。Pattern XY Ⅲ 出现了两种大小的孔洞:矩形孔洞 A,面积为 1.38 nm^2;正方形孔洞 B,面积为 0.67 nm^2。

综合以上 3 种分子的组装结果,我们不难发现,随着分子长度的增大,分子间相互作用的连接位点数目在增大,连接位点的等效位点数目也在增大。我们将 3 种分子自组装结构中所涉及的连接位点数目以及对应的等效位点数目进行了总结,见表 3-1。在该表中,"L"表示连接位点和与之邻近的分子端部的距离,"n"表示等效位点的数目。

表 3-1　3 种分子自组装结构中所涉及的连接位点及对应的等效位点数目

连接位点	L/nm	n/个		
		α-F-BPB	α-F-BPBP	α-F-BPTP
X	0.46	4	4	4
Y	0.71	0	2	4

试验中所观测到的所有组装结构的分子连接方式都是由单一的 Mode X 或者 Mode Y 或者两者以不同比例、不同方式混合的结果。

3.3.2　组装结构的调控

对于 α-F-BPB 分子来说,无论是升温退火还是改变其分子初始覆盖度,得到的均只有 Pattern X 结构。

对于 α-F-BPBP 分子来说,在初始满单层的覆盖度情况下,其表面上只存在 Pattern X 这一种结构。当在 450 K 退火时,Pattern XY Ⅰ、Pattern XY Ⅱ 和 Pattern Y 3 种结构在表面上共存;当进一步至 460 K 退火时,Pattern XY Ⅰ 消失,剩下的 Pattern XY Ⅱ 和 Pattern Y 两者分畴共存;随着退火温度进一步升高,Pattern Y 所占的比例随之升高,当退火温度达到 500 K 以上后,所有分子从表面脱附。

对于 α-F-BPTP 分子来说,初始覆盖度也是一个分子单层,Pattern X 是唯一存在的结构。当加热样品至 450 K 时,主要结构转变为 Pattern XY Ⅰ;当退火温度升至 500 K 时,Pattern XY Ⅰ 依然存在,但是在表面上占统治地位的结构已经转变为 Pattern XY Ⅱ 和 Pattern XY Ⅲ;在该温度下继续延长退火时间,越来越多的 Pattern XYⅡ 转变为 Pattern XYⅢ。需要提及的是，Pattern Y 在退火过程中作为缺陷结构出现，反之，Pattern XYⅢ 也以缺陷结构存在于 α-F-BPBP 分子的自组装结构中。

α-F-BPBP 分子在退火过程中结构的转变过程为：Pattern X→Pattern XYⅠ→Pattern XYⅡ → Pattern Y。Pattern X、Pattern XYⅠ、Pattern XYⅡ 和 Pattern Y 的表面分子密度分别为 0.770 molecules/nm²、0.685 molecules/nm²、0.615 molecules/nm² 和 0.543 molecules/nm²。可以看出，在升温退火过程中，表面分子密度逐渐减小。表面分子密度的不断减小可以归因为随着退火温度的升高，越来越多的分子从表面脱附。为了验证表面分子覆盖度是否为表面结构改变的直接诱因，进行了另外一组不断提高分子覆盖度的试验。试验结果如图 3-23 所示。最初，表面结构主要为 Pattern XYⅡ 和 Pattern Y 共存，如图 3-23(a)所示；提高分子覆盖度，Pattern XYⅠ 明显增多，如图 3-23(b)所示；继续蒸镀分子，Pattern XYⅠ 变为占主要地位的结构，如图 3-23(c)所示；随着分子覆盖度的进一步提高，Pattern X 出现并形成独立的畴区，如图 3-23(d)所示。在这组试验中，表面结构随着分子表面覆盖度的提高而发生的变化过程为：

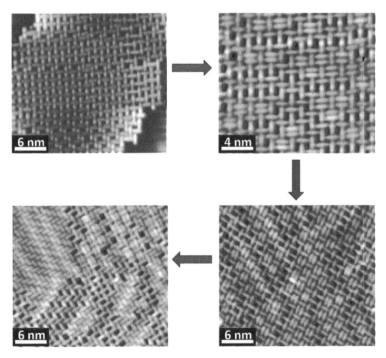

图 3-23　α-F-BPBP 分子在表面退火过程中的自组装结构转变趋势

Pattern Y→Pattern XYⅡ→Pattern XYⅠ→Pattern X,刚好与退火试验表面结构的变化趋势完全相反。至此,我们可以推断,α-F-BPBP 分子的自组装结构主要由表面分子覆盖度的高低所决定。

类似的情况也出现在 α-F-BPTP 分子的退火试验中。随着退火温度的提高,表面自组装结构类型由 Pattern X 变为 Pattern XYⅠ,然后转变为 Pattern XYⅡ,最后则全部转化为 Pattern XYⅢ。Pattern X、Pattern XYⅠ、Pattern XYⅡ 和 Pattern XYⅢ 对 应 的 表 面 分 子 密 度 分 别 为 0.743 molecules/nm²、0.423 molecules/nm²、0.392 molecules/nm² 和 0.359 molecules/nm²,且随着退火温度的提高而逐渐变小。

综上所述,对于所有研究的分子,表面分子覆盖度是表面自组装结构类型的决定性因素。因此,我们可以通过退火处理来控制衬底表面分子覆盖度,从而达到调控表面分子自组装结构的目的。

3.3.3 分子结构的设计

在以上所有分子自组装结构中,相邻分子间的夹角都近似为 90°。3 种分子的端部由 2 个 F 原子和 1 个 N 原子组成,这 3 个电负性很强的原子共同形成了 1 条氢键质子的"acceptor line",而 3 种分子侧面苯环上的多个 H 原子则一起组成了 1 条氢键质子的"donor line"。不难看出,当相邻分子彼此垂直时,"donor line"便与"acceptor line"彼此平行,造成 2 个分子之间的氢键距离最短,氢键作用最强。为了验证这一设想,我们设计了 t-F-BPBP 分子。对于 α-F-BPB 系列分子,其"acceptor line"与分子长轴的夹角为 90°,而在 t-F-BPBP 分子中,N 原子与 F 原子构成的"acceptor line"则与分子长轴成 60°夹角。

在由氢键形成的自组装结构中,考查分子中充当氢键质子供体和受体的基团所处的位置非常有意义,在前人的研究中也鲜有提及。与我们的研究比较类似的例子是关于 PTCDA 分子的研究。如图 3-24 所示,PTCDA 分子包含 6 种氢键的结合位点(在图中用数字 1、2、3、4、5、6 标识)。其中,2、4、5 属于氢键的供体,3、6 则属于氢键的受体,1 包含了供体和受体两种原子。通过理论计算得出了如图 3-24(b)所示的 D1~D44 种 PTCDA 的二聚体。

当 t-F-BPBP 分子吸附到 Au(111)后,由于含氟的吡啶基团与相邻苯环之间的 C—C 键可以旋转,所以它由三维空间被限制在二维表面上后,出现了 3 种不同的构象,如图 3-25 所示。

t-F-BPBP 分子在 Au(111)衬底上满单层时形成了两种密堆积结构,现分述如下:

(1) Z 形自组装结构

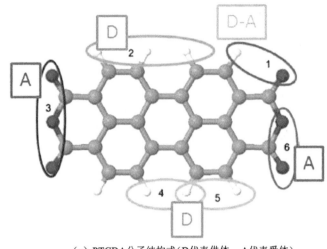

（a）PTCDA分子结构式（D代表供体，A代表受体）

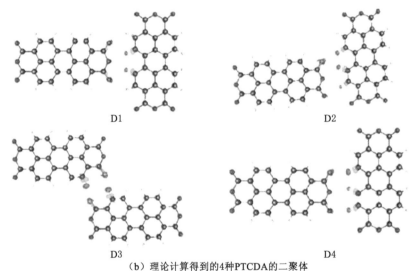

（b）理论计算得到的4种PTCDA的二聚体

图 3-24　PTCDA 分子及其二聚体的结构式

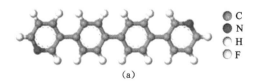

C
N
H
F

（a）

图 3-25　t-F-BPBP 吸附到衬底上出现的 3 种同分异构体

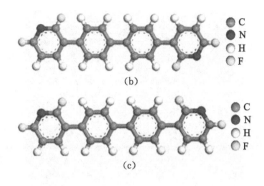

图 3-25　（续）

　　Z 形结构的 STM 图像如图 3-26 所示。该结构的单胞在图中已标出。不同构象的分子用不同颜色的方框示意,其上叠加了氢键模型图,黄色虚线代表有可能形成的氢键。扫描偏压为 2.26 V,反馈电流为 33.3 pA。从形成氢键最优化的角度可以推断出该结构中包含了 A 和 B 两种构象的分子,1 个单胞内包含 1 个 A 构象和 1 个 B 构象的分子,故该结构是 A、B 两种构象以分子数目 $1:1$ 比例混合的结果,相邻分子之间的夹角约为 $30°$,单胞参数为:$a=(1.3\pm0.1)$ nm,$b=(1.9\pm0.1)$ nm,$\alpha=(70\pm2)°$。

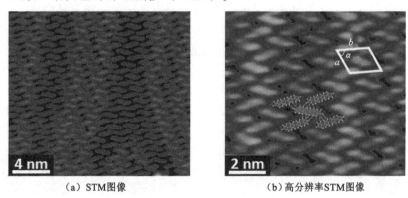

（a）STM图像　　　　　　　（b）高分辨率STM图像

图 3-26　t-F-BPBP 分子的 Z 形自组装结构 STM 图像

（2）三角形自组装结构

　　三角形自组装结构的 STM 图像如图 3-27 所示。该结构的单胞在图中已经标出。不同构象的分子用不同颜色的方框示意,其上叠加了氢键模型图,黄色虚线代表有可能形成的氢键。扫描偏压为 1.6 V,反馈电流为 150 pA。

　　三角形自组装结构除了包含 A、B 两种反式构象的分子外,还出现了 C 这种

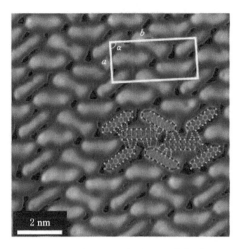

图 3-27　t-F-BPBP 分子的三角形自组装结构 STM 图像

顺式构象的分子。从 STM 的图像上可以将 C 构象与另外两种构象区分开来。C 构象的分子轮廓看起来像馒头状。考虑到分子的对称性（A 和 B 两种构象对称性为 C_{2h}，而 C 构象对称性则为 C_{2v}），可以推断出单胞内分子的各自构象。每个单胞包含 1 个 A 构象分子、1 个 B 构象分子和 2 个 C 构象分子。因此，三角形自组装结构是 A、B、C 3 种构象以 1∶1∶2 的分子数目比例共同构建而成。三角形自组装结构的单胞参数如下：$a=(1.7\pm0.1)$ nm，$b=(3.7\pm0.1)$ nm，$\alpha=(83\pm2)°$。该结构与 Z 形结构的相同点在于形成氢键的分子之间夹角均为 30°。

对满分子覆盖度的 t-F-BPBP 分子样品退火，形成了如图 3-28 所示的结构。该结构的单胞在图中已经标出。不同构象的分子用不同颜色的方框示意，其上

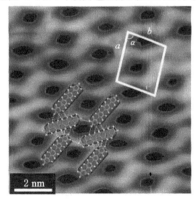

（a）自组装结构的STM图像　　　　　　　　（b）自组装结构的高分辨率STM图像

图 3-28　满分子覆盖度的 t-F-BPBP 分子样品退火后形成的自组装结构

叠加了氢键模型图,黄色虚线代表有可能形成的氢键。扫描偏压为 1 V,反馈电流为 34 pA。

满分子覆盖度的 t-F-BPBP 分子样品退火后形成的结构的形状看似与 Z 形结构类似,并且每个单胞中同样也是包含 1 个 A 构象分子和 1 个 B 构象分子。不同之处在于,相较于 Z 形结构,它变得更加稀疏。其单胞参数为:$a=(2.8\pm0.1)$ nm,$b=(2.0\pm0.1)$ nm,$\alpha=(80\pm2)°$。

综上所述,对于 t-F-BPBP 分子的所有自组装结构来说,形成氢键的分子之间的夹角都为 30°。在该角度下,t-F-BPBP 分子中一个 N 原子和两个 F 原子所形成的"acceptor line"便能与分子侧面苯环上的多个氢原子形成的"donor line"彼此平行,从而使得分子间氢键距离最短。

至此,我们前面对于 α-F-BPB 系列分子自组装结构中相邻分子的夹角为何为 90°的猜想推断得到了充分的论证。

3.3.4　手性结构

试验中还观测到了 Pattern XYⅡ的两种镜像对应的手性结构。无论 α-F-BPBP 分子还是 α-F-BPTP 分子,这两种手性结构都以不同畴区的形式共存于表面上,如图 3-29、图 3-30 所示。

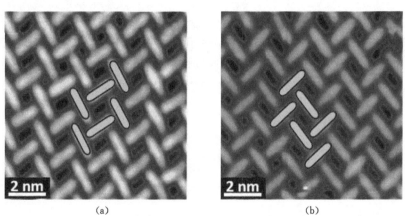

(a)	(b)

图 3-29　α-F-BPBP 分子的 Pattern XYⅡ的两种手性结构

3.3.5　缺陷结构

前文所列出的结构都是较为稳定且成独立畴区的结构,畴区大小至少在 10 nm 以上。但是在退火过程中,α-F-BPB 系列分子还出现了其他的缺陷结构,

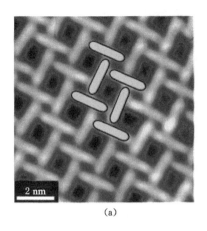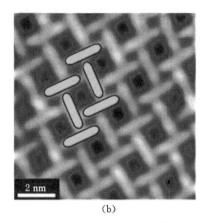

(a)　　　　　　　　　　　　　(b)

图 3-30　α-F-BPTP 分子的 Pattern XYⅡ 的两种手性结构

它们混杂在稳定的结构中。

　　α-F-BPB 的分子式如图 3-31 所示。对铺满 α-F-BPB 分子的衬底进行 370 K 退火后,其分子表面上出现了如图 3-32(a)所示的缺陷结构。这种缺陷结构使得本来密堆积的 Pattern X 出现了一列孔洞。图 3-32(b)是对缺陷结构放大之后的图像。究其形成原因,首先关注图 3-32(b)中两个被叠加上绿色方框的分子,相较于 Pattern X,这两个分子之间的连接位点从 Mode X 的其中一个位点 X2 滑移至另一个等效位点 X1(图 3-31)。在孔洞结构的另外两条边,也就是叠加了红色方框的两条边,两个分子之间的连接位点也同样是从位点 X2 滑移至等效位点 X1,从而在 Pattern X 的密堆积结构中形成了孔洞缺陷结构。

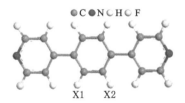

图 3-31　α-F-BPB 的分子式

　　对于 α-F-BPBP 分子,对满分子覆盖度的样品进行退火,出现了如图 3-33 所示的矩形孔洞缺陷结构,这是在较高分子覆盖度条件下观测到的缺陷结构。为了与同种分子其他的缺陷结构进行区别,我们将它命名为 defect Ⅰ。观察矩形孔洞结构的 4 条边可以发现,图 3-33 中两个绿色方框覆盖的分子之间的连接位点由原来 Pattern X 中的 X 位点滑移至 Y 位点,而另外两个红色方框覆盖的分

 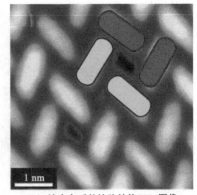

（a）缺陷结构STM图像　　　　（b）放大之后的缺陷结构STM图像

图 3-32　α-F-BPB分子组装中出现的缺陷结构

子之间的连接位点也发生了同样的滑移。正是这样的滑移导致在 Pattern X 畴区中构筑出了矩形孔洞的缺陷结构。

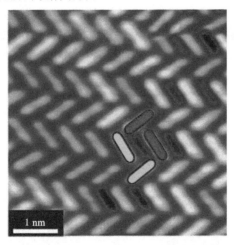

图 3-33　α-F-BPBP 分子组装中的缺陷结构 defect I

升温退火使得部分分子脱附,降低了表面分子覆盖度。试验观察到如图 3-34 所示的缺陷结构 defect Ⅱ,矩形孔洞的网络中出现了一列正方形孔洞。在图 3-34 中,用 3 种不同颜色的直线标示出了 3 列分子。不难发现,红色直线和绿色直线所指示的两列分子采取的是 Pattern XYⅡ的组装形式,而绿色直线和蓝色直线所指示的两列分子的组装结构则属于 Pattern Y。因此,这种缺陷结构可以视为 Pattern XYⅡ与 Pattern Y 的混合。

图 3-34　α-F-BPBP 分子组装中的缺陷结构 defect Ⅱ

试验在 α-F-BPTP 分子自组装结构中观察到了以下两种缺陷结构。

（1）一种缺陷结构被命名为 defect a，如图 3-35 所示。该缺陷结构的成因与 α-F-BPBP 自组装结构中的 defect Ⅰ 类似。图中绿色方框覆盖的两个分子之间以及红色方框覆盖的两个分子之间的连接位点均从 Pattern X 的 X 位点滑移至 Y 位点，使得 Pattern X 的密堆积结构出现了孔洞。

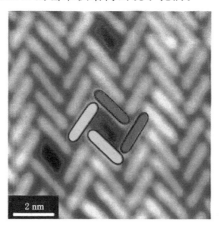

图 3-35　α-F-BPTP 分子组装中的缺陷结构 defect a

（2）另一种缺陷结构被命名为 defect b，如图 3-36 所示。它出现在 Pattern XY Ⅰ 畴区内，形状看起来非常像"中国结"。图 3-36 绿色方框覆盖的分子可以辅助辨认这种缺陷结构。与 Pattern XY Ⅰ 不同，这种"中国结"结构中

Mode X 与 Mode Y 的组成比例为 1∶1。

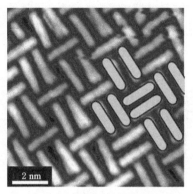

（a）α-F-BPTP分子组装中的缺陷结构defect b　　　（b）defect b的氢键模型

图 3-36　α-F-BPTP 分子组装中的缺陷结构 defect b 及其氢键模型

实际上，在退火过程中还观察到其他诸多更为复杂、无序的缺陷结构，但是它们的成因万变不离其宗，这些结构无非是 Mode X 和 Mode Y 独自或混合的结果。这是这些热力学不稳定的缺陷结构与稳定结构的相同之处。

3.4　结 果 分 析

通过有针对性的分子设计和对试验条件的精准控制，我们实现了部分氟取代的 BPB 系列分子在 Au(111) 基底上的单组分自组装。

（1）α-F-BPB 系列分子（α-F-BPB、α-F-BPBP 和 α-F-BPTP）在表面上形成了丰富多样的自组装结构，包括矩形多孔网络结构和正方形多孔网络结构。

（2）α-F-BPB 系列分子所有自组装结构的分子连接方式都是由 Mode X 和 Mode Y 两种氢键连接方式单独或者以不同比例和方式混合构筑而成。对于 α-F-BPB 系列分子，随着分子长度的增大，其氢键连接方式增多和连接位点数目增大。

（3）样品退火处理可部分脱附分子，逐步降低表面分子覆盖度，进而达到调控 α-F-BPB 系列分子表面自组装结构的目的。

（4）研究了 t-F-BPBP 分子在相同衬底上的自组装情况，阐明了 N 和 F 两类氢键受体在分子中所处的位置对自组装结构中分子间夹角的影响。

在此，我们运用部分氟取代的分子构筑了由弱氢键 C—H···F 和 C—H···N 形成的自组装结构，通过分子长度的增大和氟取代位点的改变以及对退火温度的把控，形成了不同的自组装结构。这对自组装领域弱氢键的深入研究是一次全面的探讨，也是自组装设计策略全面应用的集中体现。

4 氟取代类联吡啶分子的
表面偶联反应

4.1 研究背景

含有卤素基团分子的表面反应非常丰富，因而得到人们的广泛研究。其中，Ullmann 偶联反应因其重要的工业应用价值受到研究者的青睐。本书第 1 章已经对其进行了详细介绍，在此不再赘述。

除了 Ullmann 偶联反应外，人们也关注其他涉及卤素的表面反应。这些反应包含了 C—X 键（X 为卤素原子）的断裂。

2011 年，S. Jensen 等发现三聚氰胺和均苯三甲酰氯在室温条件下就可在 Au(111) 表面发生偶联反应，生成二酰胺。二酰胺出现在三聚氰胺分子组装畴区的边界，对样品进行 350 K 的退火处理后，表面进一步生成了低聚酰胺，如图 4-1 所示。

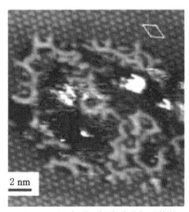

（a）室温条件下生成的二酰胺与三聚氰胺畴区共存　　（b）350 K 退火后，低聚酰胺与重构的
　　　　　　　　　　　　　　　　　　　　　　　　　　　三聚氰胺畴区共存

图 4-1　三聚氰胺和均苯三甲酰氯在 Au(111) 表面的偶联反应

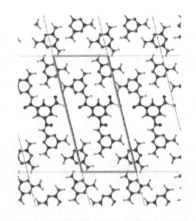

(c) 采用密度泛函理论优化的二酰胺与三聚氰胺
畴区共存的结构

图 4-1 （续）

A. C. Marele 等则利用 1,3,5-均三苯甲酰氯(TMC)和1,3,5-三(4-羟苯基)苯(TPB)的缩合反应构造了共价键有机网络结构。该共价键有机网络结构由直径为 2 nm 的六方孔洞网络结构构成,如图 4-2 所示。

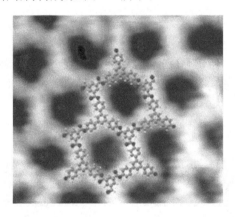

图 4-2 TMC 与 TPB 发生缩合反应形成的六方孔洞网络结构

4.2 表面反应

4.2.1 "夹子"形结构

本章的试验条件与第 3 章的试验条件一致。STM 图像均是在液氮环境下采集的,扫描模式均为恒流模式。

第 3 章所描述的 α-F-BPTP 分子在 520 K 退火后,除了在表面上形成原有的自组装结构外,还形成了新的表面结构,如图 4-3(a)所示。该图的扫描条件为扫描偏压 100 mV,反馈电流 100 pA。图中右上部分为原有的自组装结构,左下部分则为新出现的结构。退火温度进一步升高后,原有的自组装结构逐渐紊乱,出现了形状类似于"夹子"的结构。这个夹子形结构在 600 K 高温下依然能够稳定存在。

（a）520 K高温退火出现的夹子形结构与原　　　　（b）夹子形结构的高分辨率图像
　　　有自组装结构共存

图 4-3　α-F-BPTP 分子在 520 K 退火后形成的夹子形结构

第 3 章描述的 α-F-BPTP 分子自组装结构在 STM 图像中所呈现的亮度都是均一的,而夹子形结构却非如此。在夹子形结构的 STM 图像中,分子之间连接位点的亮度明显高于周围环境。如果在 STM 图像采集过程中不断地改变样品与针尖之间的相对偏压,则分子间连接位点与周围环境的亮度差异会进一步凸显,如图 4-4 所示。

（a）扫描偏压为100 mV, 反馈电流为100 pA　　（b）扫描偏压为1.5 mV, 反馈电流为100 pA

图 4-4　夹子形结构在不同偏压下的 STM 图像

由 STM 的工作原理可知,当高度相同时,STM 图像中亮度的差异代表局域电子态密度的差异。亮度越高,局域电子态密度越大。这种亮度的差异表明在该夹子形结构分子之间的相互作用不同于第 3 章所讨论的氢键相互作用,由此我们推断夹子形结构分子间发生了化学反应,形成了化学键。

4.2.2 分子操纵

为了验证夹子形结构分子间能发生化学反应的设想,我们利用分子操纵手段对分子进行操纵处理。图 4-5(a)和图 4-5(b)所示的是同一片扫描区域,扫描条件为扫描偏压 100 mV,反馈电流 100 pA。把图像中部裸露的 Au(111)衬底作为参比对照区,我们用 W 针尖将夹子形结构的分子二聚体从图 4-5(a)中红色圆圈所示的地方拖动到了图 4-5(b)中的红色圆圈所示区域。

（a）拖动前的STM图像　　　　　　　（b）拖动后的STM图像

图 4-5　对发生化学反应的分子二聚体进行的分子操纵试验

为了进行对比分析,我们还对由氢键构筑的自组装结构单个分子进行了拖动操纵试验,如图 4-6 所示。被操纵的单个分子在图中用蓝色椭圆标明,图 4-6(a)、(b)分别是分子拖动前、后的 STM 图像,扫描条件为扫描偏压 1.5 V,反馈电流 100 pA。

对比以上两组操纵试验可知,夹子形结构的分子二聚体可以被一起拖动,而由氢键构筑的自组装网络结构的分子只能单个挪动。这证明在夹子形结构中,分子间的相互作用要远强于氢键作用,这很可能是分子之间形成了化学键的缘故。我们据此推断,α-F-BPTP 分子间发生了化学反应。对于反应涉及的 2 个 α-F-BPTP 分子来说,其中 1 个分子的 C—H 键发生断裂,另外 1 个分子的 C—F 键发生断裂,两者之间形成了新的 C—C 键。

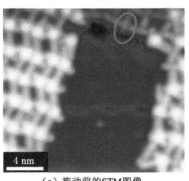 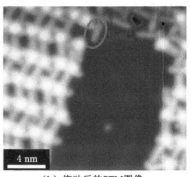

（a）拖动前的STM图像　　　　　　　　（b）拖动后的STM图像

图 4-6　对由氢键构筑的自组装网络结构单个分子进行的分子操纵试验

4.2.3　分子间偶联位点

（1）常规位点

α-F-BPTP 分子偶联反应的常规连接如图 4-7 所示。夹子形结构可以看成由两种 Zigzag 状的分子列所组成,如图 4-7(b)所示。图中红色线段和蓝色线段分别表示两种分子列。红色线段和蓝色线段所在的分子列中分子间的连接方式

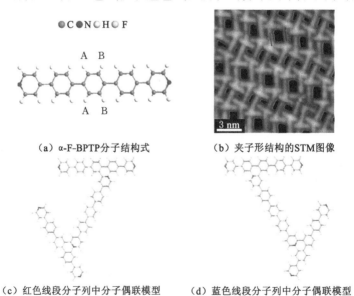

（a）α-F-BPTP分子结构式　　　　　（b）夹子形结构的STM图像

（c）红色线段分子列中分子偶联模型　　　（d）蓝色线段分子列中分子偶联模型

图 4-7　α-F-BPTP 分子偶联反应的常规连接

模型分别如图 4-7(c)、(d)所示。图 4-7(a)为 α-F-BPTP 分子的结构式,两种不同的偶联位点 A、B 在图中已标明。从该图可以看出,蓝色线段所在的分子列中的分子间偶联位点为 A;而红色线段所在分子列中的分子间偶联位点则为 B。分子列与分子列之间依然是通过氢键的相互作用连接在一起,从而形成了二维有序的夹子形结构。

（2）特殊位点

除了以上所提及的在夹子形结构中广泛存在的 A 和 B 两种偶联位点外,还有一些特殊位点以缺陷结构的形式存在于夹子形结构中。α-F-BPTP 分子偶联反应的特殊连接如图 4-8 所示。图中 STM 图像的扫描条件为扫描偏压 1.5 V,反馈电流 100 pA。图 4-8(b)分别用黄色圆圈和绿色圆圈标明了两种缺陷结构的连接位点,它们各自的连接模型如图 4-8(c)、(d)所示。在图 4-8(c)、(d)所示的两种模型中,分子间的偶联位点分别被命名为 C 和 D,在图 4-8(a)所示的 α-F-BPTP 分子结构式中标出。

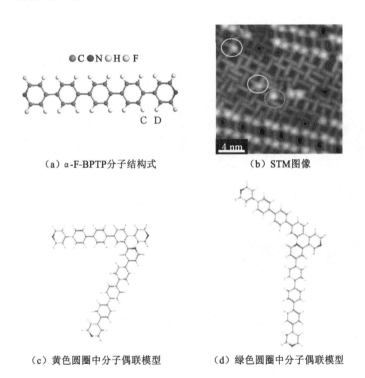

（a）α-F-BPTP分子结构式

（b）STM图像

（c）黄色圆圈中分子偶联模型

（d）绿色圆圈中分子偶联模型

图 4-8　α-F-BPTP 分子偶联反应的特殊连接

4.2.4 α-F-BPBP 分子的偶联反应

其实,在将 α-F-BPBP 分子单组分蒸镀到 Au(111)表面的试验中,当退火温度升至 500 K 时,α-F-BPBP 分子全部从 Au(111)表面脱附。但是如果将其与 α-F-BPTP 分子共同蒸镀到 Au(111)表面上,其脱附温度就会升高。将样品退火温度升至 520 K 时,它仍然会与 α-F-BPTP 分子共存于基底上。并且在试验中,观测到部分 α-F-BPBP 分子连接处的亮度相较于周围环境有差异,如图 4-9 (b)红色椭圆圈中区域所示。图 4-9 STM 图像的扫描条件为扫描偏压1.5 V,反馈电流 100 pA。因而可以推断这部分分子也发生了偶联反应。这说明只要给予 α-F-BPBP 分子足够高的温度和足够大的能量,它也会发生与 α-F-BPTP 分子类似的偶联反应。

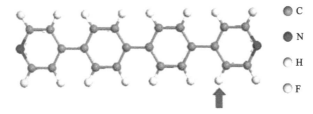

○ C

● N

○ H

○ F

（a）α-F-BPBP分子结构式（分子间偶联位点用红色箭头标识）

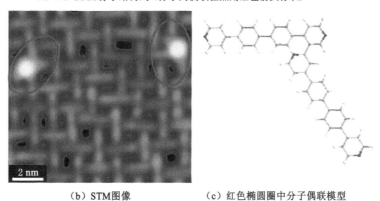

2 nm

（b）STM图像　　　　（c）红色椭圆圈中分子偶联模型

图 4-9　α-F-BPBP 分子的偶联反应

4.3 结果分析

在笔者设计的联吡啶分子中,α-F-BPTP 分子在 Au(111)表面上形成的由弱氢键构筑的自组装结构经过 520 K 的高温退火后形成了夹子形结构。而进一步的分子操纵试验证明,夹子形结构中的 α-F-BPTP 分子之间的相互作用要远强于其自组装结构中的氢键作用。结合 STM 图像中局域电子态密度的差异以及夹子形结构的高温稳定性,我们推断 α-F-BPTP 分子之间发生了化学反应,形成了化学键。

　　未来可能需要通过其他研究手段,如程序升温脱附试验来进一步证实 α-F-BPTP 分子之间发生了化学反应。比如该反应过程中是否有 HF 分子从表面脱附,如有 HF 分子从表面脱附则更可直接证明 α-F-BPTP 分子的表面发生了偶联反应。

　　如果上述推断得到证实,则这种夹子形结构就可能是一种非常新颖独特的结构,很可能是由化学键和弱氢键共同构筑的二维网络结构。这在以往的自组装研究中非常少见,或许会成为未来自组装领域研究的一条新路径。

5 氟取代类联吡啶分子的二元自组装

5.1 研究背景

两种分子在表面相互配合,共同构筑二元自组装结构。这一共组装行为相较于单分子的自组装要复杂得多,因为二元自组装引入了两种不同分子之间的相互作用以及第二种分子与衬底的作用这两个新的变量。此外,这种相互作用复杂性的增加也使表面自组装结构的调控手段呈现多样化。

本章研究的间苯三甲酸(TMA)分子在二元自组装领域得到了广泛运用。该分子可以通过自身的羧酸基团与其他分子的基团相互作用进行共组装,从而构筑不同的表面结构。

L. Kampschulte 等研究了 TMA 和 BTB 两种羧酸分子在液固界面的自组装情况。他们在试验中通过分别改变两种分子在溶液中的浓度最终获得了 3 种网络结构,如图 5-1(a)、(b)、(c)所示。图中红色部分为 BTB 分子,蓝色部分为TMA 分子。

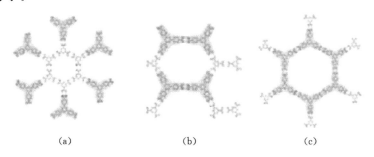

| (a) | (b) | (c) |

图 5-1 TMA 和 BTB 两种羧酸分子在液固界面的共组装

本章所采用的另一个分子属于联吡啶分子。关于此类分子的研究主要集中在该分子与金属形成配位作用并形成表面自组装结构。其中一个较为典型的涉及联吡啶分子的二元共组装体系是 A. Langner 等于 2007 年所研究的体系。在该研究中,其利用 3 种不同长度的双羧酸分子和 2 种长度不一的联吡啶分子,两两组合并与 Fe 原子共同沉积到 Cu(100) 表面,构筑了一系列尺寸不同、长宽比各异的矩形孔洞网络结构,如图 5-2 所示。图 5-2 中 1a、1b 为两种不同长度的联吡啶分子,2a、2b、2c 为 3 种不同长度的双羧酸分子,a 为分子 1a 与分子 2a 的共组装结构,b 为分子 1a 与分子 2b 的共组装结构,c 为分子 1a 与分子 2c 的共组装结构,d 为分子 1b 与分子 2a 的共组装结构,e 为分子 1b 与分子 2b 的共组装结构,f 为分子 1b 与分子 2c 的共组装结构。

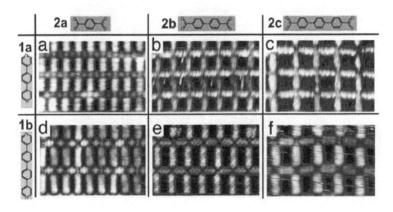

图 5-2　联吡啶分子、双羧酸分子组合与 Fe 原子在 Cu(100) 表面的共组装

王琛等曾研究过 TMA 及其衍生物($T_{11}A$、TCDB)分别与联吡啶分子(Bpy)在 HOPG 衬底上的共组装,所得到的自组装结构如图 5-3 所示。

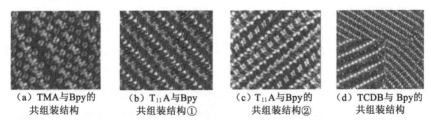

(a) TMA 与 Bpy 的　　(b) $T_{11}A$ 与 Bpy　　(c) $T_{11}A$ 与 Bpy 的　　(d) TCDB 与 Bpy 的
　共组装结构　　　共组装结构①　　　共组装结构②　　　共组装结构

图 5-3　TMA 及其衍生物分别与联吡啶在 HOPG 衬底上的共组装

梁海林的一项研究工作便是利用 TMA 与 4,4'-二(4-吡啶基)联苯(BPBP)分子,通过 O—H…O 和 O—H…N 强氢键与 C—H…O 和 C—H…N 弱氢键的相互配合,在表面上通过调控 TMA 和 BPBP 的分子覆盖度比例来获得不同孔

径和孔道对称性的共组装结构,这在第 3 章第 1 节中已有详细说明,此处不再叙述。

5.2 试验过程

试验所使用的 STM 为德国 Omicron 公司生产的超高真空变温扫描探针显微镜(图 5-4)。该仪器的真空度依靠 3 个涡轮分子泵及其前级机械泵、1 个低温吸附泵、3 个钛离子溅射泵和 2 个钛升华泵共同维系。腔压可维持在 1.33×10^{-8} Pa 以下。仪器工作温度为 25~1 500 K。

图 5-4　超高真空变温扫描探针显微镜

该仪器包括 3 个真空腔:分析腔、制备腔和气相反应腔。本试验主要使用分析腔和制备腔。基底的处理和分子的蒸镀都是在制备腔中完成的,样品的表征则是在分析腔中完成的。分析腔采用了低能电子衍射、高能电子衍射和俄歇电子能谱等多种表征技术。

试验所采用的 TMA 购自 Acros 公司,纯度为 98%。在进入 STM 真空系统之前,该分子样品先在高纯 N_2 的保护下于 180 ℃加热 72 h,目的是除去样品中的低沸点杂质。4,4'-二(3,5-二氟-4-吡啶基)-1,1'-联苯(β-F-BPBP)分子由浙江工业大学的胡信全合成并提供。上述两种分子的结构式如图 5-5 所示。

试验所采用的基底与前 2 章中的相同,为原子级平整的 Au(111)。TMA 分子与 β-F-BPBP 分子分别在温度为 443 K 和 371 K 蒸镀沉积到 Au(111)基底表面。蒸镀过程中基底温度为室温。

扫描所用针尖为 W 针尖,其制作方法已经在第 3 章中详细描述。所有 STM 图像都是在室温条件下采集的。所采用的扫描模式均为恒流模式。扫描

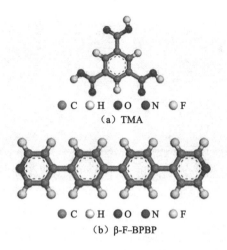

图 5-5　TMA 与 β-F-BPBP 的分子结构式

所用偏压为 1.0～5.0 V，反馈电流为 20～100 pA。本书所给出的长度或角度的试验数据均为多次测量结果的平均值。

5.3　自组装结构

5.3.1　β-F-BPBP 与 TMA 的共组装结构

β-F-BPBP 与 TMA 的共组装结构有直线形密堆积结构、Zigzag 密堆积结构和六方孔洞结构。

（1）直线形密堆积结构

直线形密堆积结构如图 5-6 所示。图中用虚线表示氢键，其中红色虚线表示强氢键，蓝色虚线表示弱氢键。图中的长条状分子为 β-F-BPBP，三角形状分子为 TMA。这种结构虽然是密堆积结构，但实际上在亚单层覆盖度情况下即可获得。β-F-BPBP 分子与 TMA 分子之间通过 O—H···N 强氢键与 C—H···O 弱氢键配合连接在一起。TMA 分子间则是由 O—H···O 强氢键辅以 C—H···O 弱氢键连接。而 β-F-BPBP 分子间可能存在 C—H···F 弱氢键相互作用。直线形密堆积结构中 β-F-BPBP 与 TMA 的分子数目比例为 1∶1。其单胞参数为：$a=2.79$ nm，$b=0.68$ nm，$\alpha=87.0°$。

（2）Zigzag 密堆积结构

Zigzag 密堆积结构如图 5-7 所示。图中用虚线表示氢键，其中红色虚线代表强氢键，蓝色虚线代表弱氢键。β-F-BPBP 分子与 TMA 分子之间通过 O—H···N

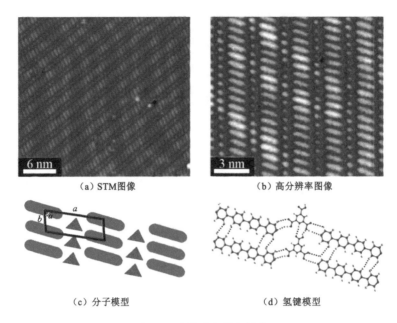

（a）STM图像　　　　　　　　（b）高分辨率图像

（c）分子模型　　　　　　　　（d）氢键模型

图 5-6　直线形密堆积结构

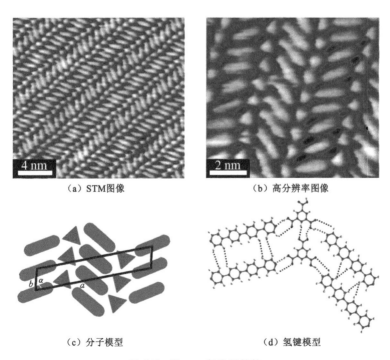

（a）STM图像　　　　　　　　（b）高分辨率图像

（c）分子模型　　　　　　　　（d）氢键模型

图 5-7　Zigzag 密堆积结构

强氢键与 C—H···O 弱氢键配合连接在一起。TMA 分子间则由 O—H···O 强氢键辅以 C—H···O 弱氢键连接，这与直线形密堆积结构中的 TMA 分子间连接方式一致。若相邻的两列 TMA 分子彼此旋转 180°，则 β-F-BPBP 分子间依然通过 C—H···F 弱氢键相互作用连接，但是对于相邻的两条 β-F-BPBP 分子链来说，各自分子链中的 β-F-BPBP 分子间的相对位移有些差异，这一点可在氢键模型中清楚地辨认。Zigzag 密堆积结构中 β-F-BPBP 与 TMA 的分子数目比例为 1∶1。其单胞参数为：$a=5.10$ nm，$b=0.96$ nm，$\alpha=72.5°$。

（3）六方孔洞结构

六方孔洞结构如图 5-8 所示。图中用虚线表示氢键，其中红色虚线代表强氢键，蓝色虚线代表弱氢键。六方孔洞结构孔洞间距约为 5.78 nm，位于顶点的 4 个 TMA 分子彼此之间通过一对 O—H···O 强氢键和 C—H···O 弱氢键连接，每条边由 4 个彼此平行的 β-F-BPBP 分子组成。在位于顶点的 4 个 TMA 分子中，处于中心的 TMA 分子与 3 个彼此之间互为 120°夹角的 β-F-BPBP 分子分别通过一对 O—H···N 强氢键和 C—H···O 弱氢键相互连接；而外围的 3 个 TMA

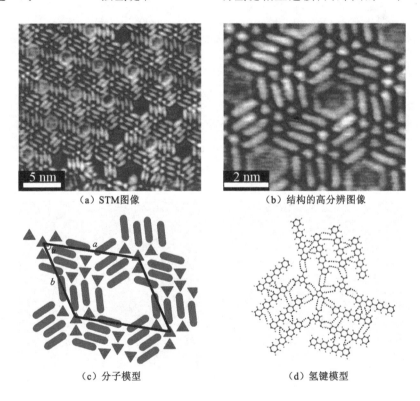

（a）STM图像　　　　　　　（b）结构的高分辨图像

（c）分子模型　　　　　　　（d）氢键模型

图 5-8　六方孔洞结构

分子则各自与 2 个彼此夹角为 120°的 β-F-BPBP 分子通过 O—H⋯N 强氢键和 C—H⋯O 弱氢键连接。该结构的单胞参数为：$a=5.63$ nm，$b=5.92$ nm，$\alpha=61.4°$。每个单胞内共有 8 个 TMA 分子和 12 个 β-F-BPBP 分子，因此这 2 种分子的数目比例为 2∶3。

六方孔洞结构的特征如下所述。

① 六方孔洞结构具有手性结构。图 5-9(a)、(b)所展示的是不同手性特征的六方孔洞结构的分子模型图，两者互为镜面对称。图 5-9(a)中与六方孔洞结构顶点中心 TMA 分子相连接的 β-F-BPBP 分子的中轴逆时针偏离顶点中心 TMA 分子的中轴一定角度 α，而在图 5-9(b)手性结构中，偏离的角度与图 5-9(a)的大小一致，只不过偏离方向由逆时针变为顺时针，其中 α 约为 7°。

(a)　　　　　　　　　　(b)

图 5-9　六方孔洞结构的手性结构

② 六方孔洞结构畴区存在缺陷结构。六方孔洞结构中的不同缺陷结构如图 5-10 所示。图 5-10(a)中用椭圆标出了缺陷结构。通常情况下，六方孔洞结构顶点有 4 个 TMA 分子，而图 5-10(a)红色椭圆中孔洞顶点只有 3 个 TMA 分

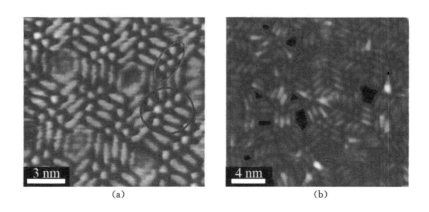

(a)　　　　　　　　　　(b)

图 5-10　六方孔洞结构中的不同缺陷结构

子,蓝色椭圆中六方孔洞结构的顶点有 5 个 TMA 分子。图 5-10(b)出现了三角形孔洞、矩形孔洞和五边形孔洞。

③ 六方孔洞结构的孔洞具有一定的容纳能力。六方孔洞结构的孔洞可以容纳分子,一般有 3 种情况,具体如图 5-11 所示。图中红色圆圈标示的孔洞没有填充分子;蓝色圆圈标示的孔洞容纳了 3 个 β-F-BPBP 分子,分子之间彼此呈120°夹角,且这 3 个分子分别与六方孔洞结构的 3 组边平行(这里将六方孔洞结构的 6 条边分为 3 组,同组的 2 条边互相平行);绿色圆圈标示的孔洞填满了4 个并排排列的 β-F-BPBP 分子,其与六方孔洞结构的 1 组边取向一致。

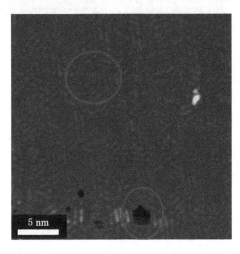

图 5-11　六方孔洞结构孔洞的填充效果

六方孔洞结构的孔洞面积可达 6.6 nm²,有着较好的主客体结合能力,可作为二次模板进一步使用。

5.3.2　β-F-BPBP 分子的单组分自组装结构

当 β-F-BPBP 分子所占的相对比例较大时,试验在衬底表面上观测到了β-F-BPBP 分子的单组分自组装畴区,其与之前所描述的共组装结构共存,如图 5-12 所示,结构中涉及的氢键在图中用蓝色虚线表示。β-F-BPBP 分子的单组分自组装结构由两列 β-F-BPBP 分子链构筑,分子链之间夹角为 43°,通过C—H…N 弱氢键连接;而分子链内的相邻分子之间则是通过 C—H…F 强氢键相互作用。β-F-BPBP 分子的单组分自组装结构的单胞参数为:$a = 3.91$ nm,$b = 0.70$ nm,$α = 72.6°$。

上述结构在温度为 550 K 退火后转变成梯子形结构,如图 5-13 所示。梯子形

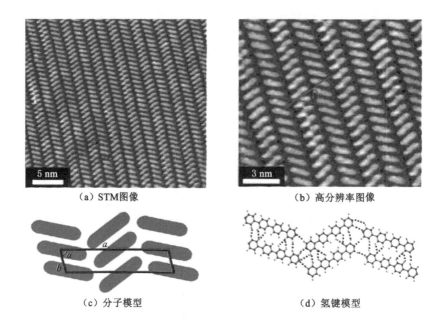

（a）STM图像　　　　　　　　　　（b）高分辨率图像

（c）分子模型　　　　　　　　　　（d）氢键模型

图 5-12　β-F-BPBP 分子的单组分自组装结构

结构中涉及的氢键在图中用蓝色虚线表示。仔细分析该结构可以发现,其构成基元是排列成"工"字形的 3 个 β-F-BPBP 分子。相邻 β-F-BPBP 分子之间彼此垂直,通过一对 C—H…N 弱氢键互相作用。每两个"工"字形基元通过一个 β-F-BPBP 分子连接在一起。梯子形结构的单胞参数为:$a=1.89$ nm,$b=2.56$ nm,$\alpha=87.9°$。

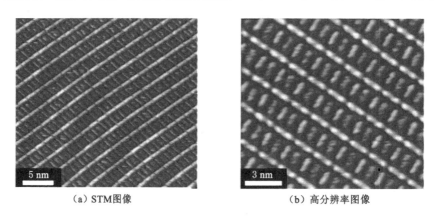

（a）STM图像　　　　　　　　　　（b）高分辨率图像

图 5-13　退火后的 β-F-BPBP 分子自组装结构

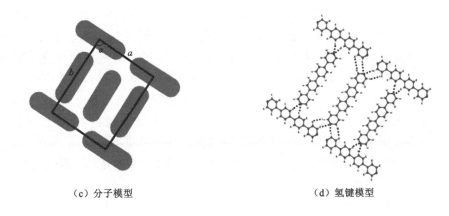

（c）分子模型　　　　　　　　　　　（d）氢键模型

图 5-13　（续）

5.3.3　共组装结构分析

在梁海林研究的 TMA 分子与 β-F-BPBP 分子的共组装体系中，最初得到了两种结构，分别称为 α 相结构和 β 相结构。其 STM 图像如图 5-14 所示。

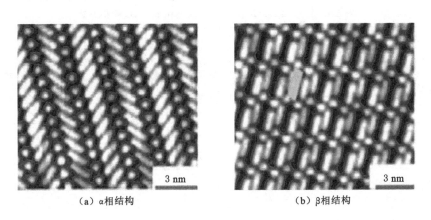

（a）α 相结构　　　　　　　　　　　（b）β 相结构

图 5-14　α、β 相结构的 STM 图像

而在本试验中，β-F-BPBP 分子和 TMA 分子共组装所形成的 Zigzag 密堆积结构与 α 相结构相比，除了因 β 位 H 原子被氟取代而使得 β-F-BPBP 分子间存在 C—H···F 弱氢键作用外，并无其他不同。反而 β-F-BPBP 和 TMA 共组装所形成的另一种直线形的密堆积结构与 α 相结构也有相同之处，一是 TMA 分子与联吡啶分子的数目比例均为 1∶1；二是同一列 TMA 分子之间的连接都是采取"头对尾"的连接方式。

梁海林基于 α 相结构和 β 相结构,通过进一步蒸镀 β-F-BPBP 的策略,也就是将 β-F-BPBP 和 TMA 的分子数目比值调控到大于 1,得到了 $L^{n,m}$、L^n 和 Z^n 3 个种类的系列结构,详见表 5-1~表 5-4。此外,通过退火脱附部分 β-F-BPBP 分子的策略使得 β-F-BPBP 和 TMA 的分子数目比值小于 1,获得了 S^n 系列结构,具体见表 5-5。以上所有网络结构的共同点在于顶点均是由 TMA 分子簇形成的结构节点(FKU),然后以 β-F-BPBP 分子为桥梁将这些 FKU 连接。FKU 中 TMA 分子之间的连接方式不同,获得的结构类型也不同。

① 对于 L^n 系列结构,FKU 中的 TMA 分子以"头对尾"方式连接在一起,n 表示 TMA 的数目。

② 对于 Z^n 系列结构,FKU 中的 TMA 分子以"头对头"方式连接在一起,n 表示 TMA 的数目。

③ 对于 $L^{n,m}$ 系列结构,在 FKU 中的 n 个 TMA 分子中,有 m 个 TMA 分子与剩下的分子取向相反,因而 FKU 中的 TMA 分子连接方式既包含"头对头"的连接方式,又包含"头对尾"的连接方式。

④ 对于 S^n 系列结构,FKU 中的 4 个 TMA 分子以"尾对尾"方式连接。

表 5-1　$L^{n,m}$、L^n 和 Z^n($n<5$)系列结构的 FKU 连接方式

结构类型	$(L/Z)^1$	L^2	L^{2-1}	Z^2	L^3	L^{3-1}	Z^3	L^4	L^{4-1}	L^{4-2}	Z^4	L^5	L^{5-1}	L^{5-2}	Z^5
FKU 连接方式															

表 5-2　$L^{n,m}$ 系列结构的 FKU 连接方式及其 STM 图像

TMA 分子数目：β-F-BPBP 分子数目	2∶3	3∶4	4∶5		5∶6	
结构类型	L^{2-1}	L^{3-1}	L^{4-2}	L^{4-1}	L^{5-2}	L^{5-1}
FKU 连接方式						
孔洞样式						

表 5-3　L^n 系列结构的 FKU 连接方式及其 STM 图像

TMA 分子数目：β-F-BPBP 分子数目	1：2.5	2：3.5	3：4.5	4：5.5	5：6.5
结构类型	L^1	L^2	L^3	L^4	L^5
FKU 连接方式					
孔洞样式					

表 5-4　Z^n 系列结构的 FKU 连接方式及其 STM 图像

TMA 分子数目：β-F-BPBP 分子数目	1：3	2：4	4：6	6：8	8：10
结构类型	Z^1	Z^2	Z^4	Z^6	Z^8
FKU 连接方式					
孔洞样式					

表 5-5　S^n 系列结构的 FKU 连接方式及其 STM 图像

TMA 分子数目：β-F-BPBP 分子数目	8：3	8：4	8：5	8：6
结构类型	S^3	S^4	S^5	S^6
FKU 连接方式				

表 5-5(续)

孔洞样式				

对于本书的研究体系,通过改变 β-F-BPBP 与 TMA 分子数目的比值也可获得一种六方孔洞网络结构。但是该结构中的 FKU 却表现出一种新的连接方式,即 TMA 分子之间虽然与 Lⁿ 系列结构一样,全部采取"头对尾"的连接方式,然而 FKU 并非形成了 Lⁿ 系列结构中的线形分子链,而以一个 TMA 分子为中心,另外 3 个 TMA 分子环绕其周围,分别与中心位置的 TMA 分子以"头对尾"方式连接。该六方孔洞网络结构及其 FKU 连接方式见表 5-6。

表 5-6　β-F-BPBP 与 TMA 形成的六方孔洞网络结构及其 FKU 连接方式

TMA 分子数目:β-F-BPBP 分子数目	2:3	
FKU 连接方式		
孔洞样式		

5.4　结果分析

我们利用 β-F-BPBP 与 TMA 两种分子在 Au(111)基底上通过强、弱氢键共同构筑了 3 种二元共组装结构,即直线形密堆积结构、Zigzag 密堆积结构和六方孔洞结构。通过改变 β-F-BPBP 与 TMA 分子数目的比例可以获得不同的表面自组装结构。其中,六方孔洞结构具有手性结构,孔洞面积达到了 $6.6\ nm^2$,可作为二次模板容纳客体分子。

对比梁海林构建的 β-F-BPBP 与 TMA 共组装结构,六方孔洞结构中的

FKU 表现出了一种新的连接方式。但是,β-F-BPBP 与 TMA 共组装结构的丰富性远逊于 β-F-BPBP 与 TMA 的二元体系,这意味着在 β-F-BPBP 分子中 β 位 H 原子所参与形成的弱氢键对于 β-F-BPBP 与 TMA 共组装结构的多样性具有重要的影响。

综合前几章内容,本书所构筑的多种网络结构一些是通过单一的弱氢键构筑而成,一些是通过强、弱氢键共同构筑而成,还有一些则是包含了化学键和氢键共同作用的自组装结构。其中,化学键和氢键共同作用的自组装结构尤为与众不同,它丰富了自组装结构的内容,未来或许会得到越来越多的重视,甚至会成为一个新的研究分支。

这些形态各异、性质不同的网络结构有可能作为二次模板容纳同种或其他客体分子,进而调控这些客体分子的理化性质甚至反应性能。这种可能性在以往的自组装研究中已经被验证。

综上所述,本书通过调节试验温度、改变分子覆盖度、改变氟取代的位点、改变分子骨架的长度、改变分子组分和分子数目相对比例等方式对自组装结果进行调控,从而有目的地构筑自组装结构。而如何利用这些丰富多彩的自组装结构,需要进一步探究。

参 考 文 献

[1] 陈克求,彭军.自组装磁性分子器件自旋相关电子输运机理与设计[C]//国家自然科学基金委员会,浙江大学."可控自组装体系及其功能化"重大研究计划年度会议暨研讨会论文集.杭州:[出版者不详],2014:185.

[2] 江浪,黄桂芳,李洪祥,等.自组装分子电子器件[J].化学进展,2005,17(1):172-179.

[3] 李扬眉,陈志春,何琳,等.生物大分子自组装膜及其应用研究进展[J].化学进展,2002,14(3):212-216.

[4] 史康洁,陈家轩,刘潇璇,等.自组装型树形分子在生物医学领域的研究进展[J].中国药科大学学报,2021,52(1):20-30.

[5] 王海侨,文芳岱,李效玉.分子自组装技术及其在发光器件制备上的应用[J].高分子通报,2006(4):35-41.

[6] ADISOEJOSO J,TAKARA K,OKUHATA S,et al. Two-dimensional crystal engineering: a four-component architecture at a liquid-solid interface[J]. Angewandte chemie international edition,2009,48(40):7353-7357.

[7] BABER A E,JENSEN S C,ISKI E V,et al. Extraordinary atomic mobility of Au(111) at 80 Kelvin: effect of styrene adsorption[J]. Journal of the American chemical society,2006,128(48):15384-15385.

[8] BARRENA E,DE OTEYZA D G,DOSCH H,et al. 2D Supramolecular self-assembly of binary organic monolayers[J]. Chemphyschem,2007,8(13):1915-1918.

[9] BASAGNI A,SEDONA F,PIGNEDOLI C A,et al. Molecules-oligomers-nanowires-graphene nanoribbons: a bottom-up stepwise on-surface covalent synthesis preserving long-range order[J]. Journal of the American chemical society,2015,137(5):1802-1808.

[10] BIERI M,NGUYEN M,GRÖNING O,et al. Two-dimensional polymer

formation on surfaces: insight into the roles of precursor mobility and reactivity[J]. Journal of the American chemical society, 2010, 132(46): 16669-16676.

[11] BIERI M, TREIER M, CAI J, et al. Porous graphenes: two-dimensional polymer synthesis with atomic precision[J]. Chemical communications, 2009, 45(45): 6919.

[12] BLAKE M M, NANAYAKKARA S U, CLARIDGE S A, et al. Identifying reactive intermediates in the ullmann coupling reaction by scanning tunneling microscopy and spectroscopy[J]. Journal of physical chemistry a, 2009, 113(47): 13167-13172.

[13] BLUNT M O, RUSSELL J C, CHAMPNESS N R, et al. Templating molecular adsorption using a covalent organic framework[J]. Chemical communications, 2010, 46(38): 7157-7159.

[14] BOLES M A, ENGEL M, TALAPIN D V, Self-assembly of colloidal nanocrystals: from intricate structures to functional materials[J]. Chemical reviews, 2016, 116(18): 11220-11289.

[15] BOMBIS C, AMPLE F, LAFFERENTZ L, et al. Single molecular wires connecting metallic and insulating surface areas[J]. Angewandte chemie international edition, 2009, 48(52): 9966-9970.

[16] BOMBIS C, KALASHNYK N, XU W, et al. Hydrogen-bonded molecular networks of melamine and cyanuric acid on thin films of NaCl on Au (111)[J]. Small, 2009, 5(19): 2177-2182.

[17] CAI G, CHEN Y, LIN S, et al. Application of dendrimer-based siRNA delivery systerms[J]. Journal of China Pharmaceutical University, 2019, 50(3): 274-288.

[18] CAI J, RUFFIEUX P, JAAFAR R, et al. Atomically precise bottom-up fabrication of graphene nanoribbons[J]. Nature, 2010, 466(7305): 470-473.

[19] CAO Y, LIU X, PENG L. Molecular engineering of dendrimer nanovectors for siRNA delivery and gene silencing[J]. Frontiers of chemical science and engineering, 2017, 11(4): 663-675.

[20] CAÑAS- VENTURA M E, XIAO W, et al. Self-assembly of periodic bicomponent wires and ribbons[J]. Angewandte chemie international edition, 2007, 46(11): 1814-1818.

[21] CHEN Y C, DE OTEYZA D G, PEDRAMRAZI Z, et al. Tuning the band

gap of graphene nanoribbons synthesized from molecular precursors[J]. ACS nano,2013,7(7):6123-6128.

[22] CHENG K M, DING Y P, ZHAO Y, et al. Sequentially responsive therapeutic peptide assembling nanoparticles for dual-targeted cancer immunotherapy[J]. Nano letters,2018,18(5):3250-3258.

[23] DE OTEYZA D G,GARCÍA-LASTRA J M,CORSO M,et al. Customized electronic coupling in self-assembled donor-acceptor nanostructures[J]. Advanced functional materials,2009,19(22):3567-3573.

[24] DE OTEYZA D G,SILANES I,RUIZ-OSÉS M,et al. Balancing intermolecular and molecule-substrate interactions in supramolecular assemblies[J]. Advanced functional materials,2009,19(2):259-264.

[25] DE OTEYZA D G,WAKAYAMAB Y,LIU X,et al. Effect of fluorination on the molecule-substrate interactions of pentacene/Cu(100) interfaces [J]. Chemical physics letters,2010,490(1/2/3):54-57.

[26] DE OTEYZA1 D G, EL-SAYED A, GARCIA-LASTRA J M, et al. Copper-phthalocyanine based metal-organic interfaces: the effect of fluorination, the substrate, and its symmetry [J]. Journal of chemical physics,2010,133(21):214703.

[27] DEROSE J A, LEBLANC R M. Scanning tunneling and atomic force microscopy studies of Langmuir-Blodgett films[J]. Surface science reports, 1995,22(3):73-126.

[28] DHUMAL D, LAN W, DING L, et al. An ionizable supramolecular dendrimer nanosystem for effective siRNA delivery with a favourable toxicity profile[J]. Nano research,2021,14(7):2247-2254.

[29] DILULLO A,CHANG S,BAADJI N,et al. Molecular kondo chain[J]. Nano letters,2012,12(6):3174-3179.

[30] DING L,LYU Z,TINTARU A,et al. A self-assembling amphiphilic dendrimer nanotracer for SPECT imaging[J]. Chem commun(camb), 2019,56(2):301-304.

[31] DMITRIEV A,LIN N,WECKESSER J,et al. Supramolecular assemblies of trimesic acid on a Cu(100) surface[J]. Journal of physical chemistry a, 2002,106(27):6907-6912.

[32] DONG Y W,YU T Z,DING L,et al. A dual targeting dendrimermediated siRNA delivery system for effective gene silencing in cancer therapy[J].

Journal of the American chemical society,2018,140(47):16264-16274.

[33] DRIVERS M,ZHANG T,KING D A. Massively cooperative adsorbate-induced surface restructuring and nanocluster formation[J]. Angewandte chemie international edition,2007,119(5):714-717.

[34] FAURY T, CLAIR S, ABEL M, et al. Sequential linking to control growth of a surface covalent organic framework[J]. Journal of physical chemistry c,2012,116(7):4819-4823.

[35] FU G T,LIU H M,YOU N K,et al. Dendritic platinum-copper bimetallic nanoassemblies with tunable composition and structure: arginine-driven self-assembly and enhanced electrocatalytic activity[J]. Nano research, 2016,9(3):755-765.

[36] FUMITAKA N,TAKASHI Y,TOSHIYA K,et al. Layer-by-layer growth of porphyrin supramolecular thin films [J]. Applied physics letters, 2006, 88 (25):253113.

[37] GARRIGUE P,TANG J,DING L,et al. Self-assembling supramolecular dendrimer nanosystem for PET imaging of tumors[J]. Pnas, 2018, 115 (45):11454-11459.

[38] GENG H Y,CHEN W Y,XU Z P,et al. Shape-controlled hollow mesoporous silica nanoparticles with multifunctional capping for in vitro cancer treatment [J]. Chemistry a European journal,2017,23(45):10878-10885.

[39] GRIESSL S J H,LACKINGER M,JAMITZKY F,et al. Incorporation and manipulation of coronene in an organic template structure[J]. Langmuir, 2004,20(21):9403-9407.

[40] GRIESSL S J H, LACKINGERM, JAMITZKY F, et al. Room-temperature scanning tunneling microscopy manipulation of single C_{60} molecules at the liquid-solid interface:playing nanosoccer[J]. Journal of physical chemistry b, 2004,108(31):11556-11560.

[41] GRIESSL S J H, LACKINGER M, EDELWIRTH M, et al. Self-assembled two-dimensional molecular host-guest architectures from trimesic acid [J]. Single molecules,2002,3(1):25-31.

[42] GRILL L. Functionalized molecules studied by STM:motion, switching and reactivity[J]. Journal of physical:condensed matter, 2008, 20 (5): 1-19.

[43] GROSS L,MOHN F,MOLL N,et al. The chemical structure of a molecule

resolved by atomic force microscopy[J]. Science,2009,325(5944):1110-1114.

[44] GROSS L,MOLL N,MOHN F,et al. High-resolution molecular orbital imaging using a p-wave STM tip[J]. Physical review letters,2011,107 (8):86101.

[45] HUANG H B,WANG Y,JIAO W B,et al. Lotus-leaf-derived activated-carbon-supported nano-CdS as energy-efficient photocatalysts under visible irradiation[J]. ACS sustainable chemistry & engineering,2018,6 (6):7871-7879.

[46] HUANG Y L,CHEN W,LI H,et al. Tunable two-dimensional binary molecular networks[J]. Small,2010,6(1):70-75.

[47] JENSEN S,GREENWOOD J,FRÜCHTL H A,et al. STM investigation on the formation of oligoamides on Au(111) by surface-confined reactions of melamine with trimesoyl chloride[J]. Journal of physical chemistry c, 2011,115(17):8630-8636.

[48] JUN L,ZENG Q,WANG C,et al. Self-assembled two-dimensional hexagonal networks[J]. Journal of materials chemistry,2002,12(10):2856.

[49] KAMPSCHULTE L,WERBLOWSKY T L,KISHORE R S K,et al. Thermodynamical equilibrium of binary supramolecular networks at the liquid-solid interface[J]. Journal of the American chemical society,2008, 130(26):8502-8507.

[50] KANNAPPAN K,WERBLOWSKY T L,RIM KT,et al. An experimental and theoretical study of the formation of nanostructures of self-assembled cyanuric acid through hydrogen bond networks on graphite[J]. Journal of physical chemistry b,2007,111(24):6634-6642.

[51] KNUDSEN M M,KALASHNYK N,MASINI F,et al. Controlling chiral organization of molecular rods on Au(111) by molecular design[J]. Journal of the American chemical society,2011,133(13):4896-4905.

[52] KRAUSS1 T N,BARRENA E,DOSCH H,et al. Supramolecular assembly of a 2D binary network of pentacene and phthalocyanine on Cu(100)[J]. Chemphyschem,2009,10(14):2445-2448.

[53] KUDERNAC T, LEI S B, ELEMANS JAAW, et al. Two-dimensional supramolecular self-assembly:nanoporous networks on surfaces[J]. Chemical society reviews,2009,38(2):402.

[54] LAFFERENTZ L,AMPLE F,YU H,et al. Conductance of a single

conjugated polymer as a continuous function of its length[J]. Science, 2009,323(5918):1193-1197.

[55] LAFFERENTZ L,EBERHARDT V,DRI C,et al. Controlling on-surface polymerization by hierarchical and substrate-directed growth[J]. Nature chemistry,2012,4(3):215-220.

[56] LANGER A,TAIT S L,LIN N,et al. Self-recognition and self-selection in multicomponent supramolecular coordination networks on surfaces[J]. Proceedings of the national academy of sciences,2007,104(46):17927-17930.

[57] LEI S B,SURIN M,TAKARA K,et al. Programmable hierarchical three-component 2D assembly at a liquid-solid interface:recognition selection and transformation[J]. Nano letters,2008,8(8):2541-2546.

[58] LI H S,ZHU Y,DONG S Y,et al. Self-assembled Nb_2O_5 nanosheets for high energy-high power sodium ion capacitors[J]. Chemistry of materials,2016,28 (16):5753-5760.

[59] LI M, YANG Y L, ZHAO K Q, et al. Bipyridine-mediated assembling characteristics of aromatic acid derivatives[J]. Journal of physical chemistry c, 2008,112(27):10141-10144.

[60] LI P, HWANG J Y, SUN Y K, Nano/microstructured silicon-graphite composite anode for high-energy-density Li-ion battery[J]. ACS nano, 2019,13(2):2624-2633.

[61] LI T T,XUE B,WANG B W,et al. Tubular monolayer superlattices of hollow Mn_3O_4 nanocrystals and their oxygen reduction activity[J]. Journal of the American chemical society,2017,139(35):12133-12136.

[62] LI X, IOCOZZIA J, CHEN Y H, et al. From precision synthesis of block copolymers to properties and applications of nanoparticles[J]. Angewandte chemie,2018,57(8):2046-2070.

[63] LIANG H, HE Y, YE Y C, et al. Two-dimensional molecular porous networks constructed by surface assembling[J]. Coordination chemistry reviews,2009,253(23/24):2959-2979.

[64] LIANG H, SUN W, JIN X, et al. Two-dimensional molecular porous networks formed by trimesic acid and 4,4'-bis(4-pyridyl)biphenyl on Au (111) through hierarchical hydrogen bonds: structural systematics and control of nanopore size and shape[J]. Angewandte chemie international edition,2011,50(33):7562-7566.

[65] LINDEN S, ZHONG D, TIMMER A, et al. Electronic structure of spatially aligned graphene nanoribbons on Au(788)[J]. Physical review letters,2012,108(21):216801.1-216801.5.

[66] LIU P C,XU Y,ZHU K J,et al. Ultrathin VO_2 nanosheets self-assembled into 3D micro/nano-structured hierarchical porous sponge-like micro-bundles for long-life and high-rate Li-ion batteries[J]. Journal of materials chemistry a, 2017,5(18):8307-8316.

[67] LIU X X,ZHOU J H,YU T Z,et al. Adaptive amphiphilic dendrimer-based nanoassemblies as robust and versatile siRNA delivery systems[J]. Angewandte chemie international edtion,2014,53(44):11822-11827.

[68] LYU Z,DING L,HUANG AYT,et al. Poly(amidoamine)dendrimers: covalent and supramolecular synthesis[J]. Materials today chemistry, 2019,13:34-48.

[69] MADUENO R, RAISANEN M T, SILIEN C, et al. Functionalizing hydrogen-bonded surface networks with self-assembled monolayers[J]. Nature,2008,454:618-621.

[70] MARELE A C,CORRAL I,SANZ P,et al. Some pictures of alcoholic dancing: from simple to complex hydrogen-bonded networks based on polyalcohols[J]. Journal of physical chemistry c,2013,117(9):4680-4690.

[71] MARELE A C,MAS-BALLESTÉR,TERRACCIANO L,et al. Formation of a surface covalent organic framework based on polyester condensation [J]. Chemical communications,2012,48(54):6779 6781.

[72] MERTZ D,CUI J,YAN Y,et al. Protein capsules assembled via isobutyramide grafts: sequential growth, biofunctionalization, and cellular uptake[J]. ACS nano,2012,6(9):7584-7594.

[73] MU Z,SHU L,FUCHS H,et al. Two-dimensional chiral networks emerging from the aryl-f···h hydrogen-bond-driven self-assembly of partially fluorinated rigid molecular structures[J]. Journal of the American chemical society,2008, 130(33):10840-10841.

[74] MURA M,SUN X,SILLY F,et al. Experimental and theoretical analysis of H-bonded supramolecular assemblies of PTCDA molecules[J]. Physical review b, 2010,81(19):195412.

[75] NATH K G,IVASENKO O,MIWA J A,et al. Rational modulation of the feriodicity in linear hydrogen-bonded assemblies of trimesic acid on

surfaces[J]. Journal of the American chemical society, 2006, 128(13): 4212-4213.

[76] OTERO R, XU W, LUKAS M, et al. Specificity of watson-crick base pairing on a solid surface studied atthe atomic scale[J]. Angewandte chemie international edition, 2008, 47(50): 9673-9676.

[77] PAN R J, SUN R, WANG Z H, et al. Sandwich-structured nano/micro fiber-based separators for lithium metal batteries[J]. Nano energy, 2019, 55: 316-326.

[78] PAWIN G, WONG K L, KWON K, et al. A homomolecular porous network at a Cu(111) surface[J]. Science, 2006, 313(5789): 961-962.

[79] PAYER D, COMISSO A, DMITRIEV A, et al. Ionic hydrogen bonds controlling two-dimensional supramolecular systems at a metal surface [J]. Chemistry-a European journal, 2007, 13(14): 3900-3906.

[80] PERDIGÃO L M A, PERKINS E W, MA J, et al. Bimolecular networks and supramolecular traps on Au(111)[J]. Journal of physical chemistry b, 2006, 110(25): 12539-12542.

[81] QIAO X Z, SU B S, LIU C, et al. Selective surface enhanced raman scattering for quantitative detection of lung cancer biomarkers in superparticle@MOF structure[J]. Advanced. materials. 2018, 30(5): 1702275.

[82] QUE R H, SHAO M W, ZHUO S J, et al. Highly reproducible surface-enhanced Raman scattering on a capillarity-assisted gold nanoparticle assembly[J]. Advanced functional materials, 2011, 21(17): 3337-3343.

[83] REECHT G, BULOU H, SCHEURER F, et al. Oligothiophene nanorings as electron resonators for whispering gallerMode Ys[J]. Physical review letters, 2013, 110(5): 56802. 1-56802. 5.

[84] REECHT G, SCHEURER F, SPEISSER V, et al. Electroluminescence of a polythiophene molecular wire suspended between a metallic surface and the tip of a scanning tunneling microscope[J]. Physical review letters, 2014, 112(4): 47403.

[85] REICHERT J, MARSCHALL M, SEUFERT K, et al. Competing interactions in surface reticulation with a prochiral dicarbonitrile linker [J]. Journal of physical chemistry c, 2013, 117(24): 12858-12863.

[86] ROHDE D, YAN C J, WAN L J. C-H⋯F Hydrogen bonding: the origin of the self-assemblies of bis(2,2'-difluoro-1,3,2-dioxaborine)[J]. Langmuir, 2006, 22

(10):4750-4757.

[87] RUSSEL J C,BLUNT M O,GARFITT J M,et al. Dimerization of tri(4-bromophenyl) benzene by aryl-aryl coupling from solution on a gold surface[J]. Journal of the American chemical society,2011,133(12): 4220-4223.

[88] SCHLICKUM U,DECKER R,KLAPPENBERGER F,et al. Metal-organic honeycomb nanomeshes with tunable cavity size[J]. Nano letters,2007,7(12): 3813-3817.

[89] SCHLÖGL S, HECKL W M, LACKINGER M. On-surface radical addition of triply iodinated monomers on Au(111)—the influence of monomer size and thermal post-processing[J]. Surface science,2012,606 (13/14):999-1004.

[90] SCHLÖGL S, SIRTL T, EICHHORN J, et al. Synthesis of two-dimensional phenylene-boroxine networks through in vacuo condensation and on-surface radical addition[J]. Chemical communications,2011,47 (45):12355.

[91] SCHMITZ C H,IKONOMOV J,SOKOLOWSKI M. Two-dimensional ordering of poly(p-phenylene-terephthalamide) on the Ag(111) surface investigated by scanning tunneling microscopy[J]. Journal of physical chemistry c,2009,113(28):11984-11987.

[92] SCHMITZ C H,IKONOMOV J,SOKOLOWSKI M. Two-dimensional polyamide networks with a broad pore size distribution on the Ag(111) surface[J]. Journal of physical chemistry c,2011,115(15):7270-7278.

[93] SCHMITZ C H,SCHMID M,GÄRTNER S,et al. Surface polymerization of poly (p-phenylene-terephthalamide) on Ag(111) investigated by X-ray photoelectron spectroscopy and scanning tunneling microscopy[J]. Journal of physical chemistry c,2011,115(37):18186-18194.

[94] SCHWARTZ D K. Langmuir-Blodgett film structure[J]. Surface science reports,1997,27(7/8):245-334.

[95] SHEERIN G,CAFOLLA A A. Self-assembled structures of trimesic acid on the Ag/Si (111)-($\sqrt{3}\times\sqrt{3}$) R30° surface[J]. Surface science,2005,577 (2/3):211-219.

[96] SHENG K,SUN Q,ZHANG C,et al. Steering on-surface supramolecular nanostructures by tert-butyl group[J]. Journal of physical chemistry c,

2014,118(6):3088-3092.

[97] SHI Z L,LIN N. Porphyrin-based two-dimensional coordination kagome lattice self-assembled on a Au(111) surface[J]. Journal of the American chemical society,2009,131(15):5376-5377.

[98] SMITH K R, LEWIS P A, WEISS P S. Patterning self-assembled monolayers[J]. Progress in surface science,2004,75(1/2):1-68.

[99] SOICHIRO Y, ITAYA K. Advances in supramolecularly assembled nanostructures of fullerenes and porphyrins at surfaces[J]. Journal of porphyrins and phthalocyanines,2007,11(5):313-333.

[100] SPILLMANN H, KIEBELE A, STOHR M, et al. A two-dimensional porphyrin-based porous network featuring communicating cavities for the templated complexation of fullerenes[J]. Advanced materials,2006, 18(3):275-279.

[101] STANIEC P A,PERDIGÃO L M A,ROGERS B L,et al. Honeycomb networks and chiral superstructures formed by cyanuric acid and melamine on Au(111)[J]. Journal of physical chemistry c,2006,111(2): 886-893.

[102] STANIEC1 P A,PERDIGÃO L M A,SAYWELL1 A,et al. Hierarchical organisation on a two-dimensional supramolecular network[J]. Physical chemistry chemical physics,2007,8(15):2177-2181.

[103] STEPANOW S,LIN N,BARTH J V,et al. Surface-template assembly of two-dimensional metal-organic coordination networks[J]. Journal of physical chemistry b,2006,110(46):23472-23477.

[104] STEPANOW S, LIN N, PAYER D, et al. Surface-assisted assembly of 2D metal-organic networks that exhibit unusual threefold coordination symmetry[J]. Angewandte chemie international edition,2007,46(5): 710-713.

[105] TAHARA K,FURUKAWA S,UJI-I H,et al. Two-dimensional porous molecular networks of dehydrobenzo annulene derivatives via alkyl chain interdigitation[J]. Journal of the American chemical society, 2006, 128(51):16613-16625.

[106] TAIT S L, LANGNER A, LIN N, et al. One-dimensional self-assembled molecular chains on Cu(100):interplay between surface-assisted coordination chemistry and substrate commensurability[J]. Journal of physical chemistry c,

2007,111(29):10982-10987.

[107] TALHAM D R, YAMAMOTO T, MEISEL M W. Langmuir-Blodgett films of molecular organic materials[J]. Journal of physics condensed matter,2008,20(18),184006.

[108] THEOBALD J A, OXTOBY N S, PHILLIPS M A, et al. Controlling molecular deposition and layer structure with supramolecular surface assemblies[J]. Nature,2003,424(6952):1029-1031.

[109] TIAN Y, ZHANG Y G, WANG T X, et al. Lattice engineering through nanoparticle-DNA frameworks[J]. Nature materials,2016,15(6):654-661.

[110] VELD MI, IAVICOLI P, HAQ S, et al. Unique intermolecular reaction of simple porphyrins at a metal surface gives covalent nanostructures [J]. Chemical communications,2008,13(13):1536.

[111] WAKAYAMA Y, DE OTEYZA D G, GARCIA-LASTRA J M, et al. Solid-state reactions in binary molecular assemblies of F_{16}CuPc and pentacene[J]. ACS Nano,2010,5(1):581-589.

[112] WAN L J. Fabricating and controlling molecular self-organization at solid surfaces:studies by scanning tunneling microscopy[J]. Accounts of chemical research,2006,39(5):334-342.

[113] WANG W, SHI X, WANG S, et al. Single-molecule resolution of an organometallic intermediate in a surface-supported ullmann coupling reaction[J]. Journal of the American chemical society,2011,133(34):13264-13267.

[114] WANG Y, LINGENFELDER M, FABRIS S, et al. Programming hierarchical supramolecular nanostructures by molecular design[J]. Journal of physical chemistry c,2013,117(7):3440-3445.

[115] WANG Y, YE Y, WU K. Simultaneous observation of the triangular and honeycomb structures on highly oriented pyrolytic graphite at room temperature:an STM study[J]. Surface science,2006,600(3):729-734.

[116] WEBBER M J, APPEL E A, MEIJER E W, et al. Supramolecular biomaterials [J]. Nature materials,2016,15(1):13-26.

[117] WIBOWO S H, SULISTIO A, WONG E H H, et al. Functional and well-defined β-sheet-assembled porous spherical shells by surface-guided peptide formation[J]. Advanced functional materials,2015,25(21):3147-3156.

[118] XU W,DONG M,GERSEN H,et al. Cyanuric acid and melamine on Au (111):structure and energetics of hydrogen-bonded networks[J]. Small, 2007,3(5):854-858.

[119] XU W, WANG J, JACOBSEN M F, et al. Supramolecular porous network formed by molecular recognition between chemically modified nucleobases guanine and cytosine[J]. Angewandte chemie international edition,2010,49(49):9373-9377.

[120] YAN H J, LU J, WAN L J, et al. STM study of two-dimensional assemblies of tricarboxylic acid derivatives on Au(111)[J]. Journal of physical chemistry b,2004,108(31):11251-11255.

[121] YANG Y,SONG X,LI X J,et al. Recent progress in biomimetic additive manufacturing technology:from materials to functional structures[J]. Advanced materials,2018,30(36):1706539.

[122] YE Y, SUN W, WANG Y, et al. A unified model:self-assembly of trimesic acid on gold[J]. Journal of physical chemistry c,2007,111(28): 10138-10141.

[123] ZHANG J Q,LI L,XIAO Z X,et al. Hollow sphere TiO_2-ZrO_2 prepared by self-assembly with polystyrene colloidal template for both photocatalytic degradation and H_2 evolution from water splitting [J]. ACS sustainable chemistry & engineering,2016,4(4):2037-2046.

[124] ZHANG J,LI B,CUI X,et al. Spontaneous chiral resolution in supramolecular assembly of 2,4,6-tris(2-pyridyl)-1,3,5-triazine on Au(111)[J]. Journal of the American chemical society,2009,131(16):5885-5890.

[125] ZHANG X Y, GONG C C, AKAKURU O U, et al. The design and biomedical applications of self-assembled two-dimensional organic biomaterials[J]. Chemical society reviews,2019,48(23):5564-5595.

[126] ZHANG Y,ZHU N,KOMEDA T. Mn-coordinated stillbenedicarboxylic ligand supramolecule regulated by the herringbone reconstruction of Au (111)[J]. Journal of physical chemistry c,2007,111(45):16946-16950.

[127] ZHANG Y,ZHU N,KOMEDA T. Programming of a Mn-coordinated 4-4'-biphenyl dicarboxylic acid nanosystem on Au(111) and investigation of the non-covalent binding of C_{60} molecules[J]. Surface science,2008, 602(2):614-619.

[128] ZHAO T C, ELZATAHRY A, LI X M, et al. Single-micelle-directed

synthesis of mesoporous materials[J]. Nature reviews materials, 2019, 4(12):775-791.

[129] ZHOU T Y, ZHU J Y, GONG L S, et al. Amphiphilic block copolymer-guided in situ fabrication of stable and highly controlled luminescent copper nanoassemblies[J]. Journal of the american chemical society, 2019, 141(7):2852-2856.

[130] ZHU C Z, FU S F, SONG J H, et al. Self-assembled Fe-N-doped carbon nanotube aerogels with single-atom catalyst feature as high-efficiency oxygen reduction electrocatalysts[J]. Small, 2017, 13(15):1603407.

[131] ZHU P, JIAO J S, SHEN R Q, et al. Energetic semiconductor bridge device incorporating Al/MoO_x multilayer nanofilms and negative temperature coefficient thermistor chip[J]. Journal of applied physics, 2014, 115(19), 194502.

[132] ZWANEVELD N A A, PAWLAK R, ABEL M, et al. Organized formation of 2D extended covalent organic frameworks at surfaces[J]. Journal of the American chemical society, 2008, 130(21):6678-6679.